全国高等院校应用型创新规划教材·计算机系列

Python 数据分析基础

余本国　编　著

清华大学出版社
北　京

内 容 简 介

Python 是由 Guido van Rossum 于 20 世纪 80 年代末和 90 年代初，在荷兰国家数学和计算机科学研究所设计出来的。它是一种面向对象的、用途非常广泛的编程语言，具有非常清晰的语法特点，适用于多种操作系统。目前 Python 在国际上非常流行，正在得到越来越多的应用。

Python 可以完成许多任务，功能非常强大，其利用 Pandas 处理大数据的过程，由于 Pandas 库的使用能够很好地展现数据结构，成为近来 Python 项目中经常使用的热门技术，并且 R 和 Spark 对 Python 都有很好的调用接口，甚至在内存使用方面都有优化。

本书根据作者多年教学经验编写，条理清楚，内容深浅适中，尽量让读者从实例出发，结合课后练习，少走弯路。本书涉及的内容主要包括 Python 数据类型与运算、流程控制及函数与类、Pandas 库的数据处理与分析等。在本书的最后，还附带了一些文件读写、网络爬虫、矩阵计算等最基本的内容。

本书可以作为本科生、研究生以及科研人员学习 Python 的基础教材。

本书封面贴有清华大学出版社防伪标签，无标签者不得销售。
版权所有，侵权必究。侵权举报电话：010-62782989　13701121933

图书在版编目(CIP)数据

Python 数据分析基础/余本国编著. —北京：清华大学出版社，2017（2020.1重印）
(全国高等院校应用型创新规划教材·计算机系列)
ISBN 978-7-302-47890-4

Ⅰ.①P…　Ⅱ.①余…　Ⅲ.①软件工具—程序设计—高等学校—教材　Ⅳ.①TP311.561

中国版本图书馆 CIP 数据核字(2017)第 184452 号

责任编辑：秦　甲
封面设计：杨玉兰
责任校对：宋延清
责任印制：沈　露

出版发行：清华大学出版社
网　　址：http://www.tup.com.cn, http://www.wqbook.com
地　　址：北京清华大学学研大厦 A 座　　邮　编：100084
社 总 机：010-62770175　　邮　购：010-62786544
投稿与读者服务：010-62776969, c-service@tup.tsinghua.edu.cn
质量反馈：010-62772015, zhiliang@tup.tsinghua.edu.cn
课件下载：http://www.tup.com.cn, 010-62791865

印 装 者：三河市金元印装有限公司
经　　销：全国新华书店
开　　本：185mm×260mm　　印　张：14.5　　字　数：279 千字
版　　次：2017 年 8 月第 1 版　　印　次：2020 年 1 月第 6 次印刷
定　　价：39.00 元

产品编号：071752-01

前 言

在写作本书的时候，国内大多数参考书还是 Python 2.7 版本，为了给在校大学生开设这门 Python 课程，我们选择了 Python 3.x，毕竟 Python 3.x 才是未来。与其让学生们从 Python 2.7 开始学，还不如直接从 Python 3.x 上手，以掌握更加完善的知识。

作者通过近三轮的教学，对 Python 3.x 的基础知识进行了筛选和总结，特编写此书，希望能够给准备使用 Python 的读者提供一些方便。

本书由浅入深，比较适合那些从未接触过计算机语言的读者。每章配有大量的示例代码，希望读者在使用本书的时候，能够尽可能自己敲代码，少用复制粘贴的方法，这样有利于读者尽快进入"角色"，毕竟"拷贝得来终觉浅"。

本书的前 3 章是 Python 的基础知识；第 4 章是利用 Pandas 库对数据进行处理、分析以及实现数据可视化；在第 5 章还列出了 Python 对文件的读取、存储方法，对网络爬虫、矩阵运算也做了简单的介绍。

作者在编写本书的过程中，得到了 Python 工程师齐伟的帮助。在开设这门课的时候，齐伟通过视频的形式与我们一起分享了 Python 开发经验。本书在完稿时，得到了研究生闫青、陈文华、马秀、樊宇凯和卢超在文字校对上的帮助。

最后感谢广大读者选择了本书。作者 E-mail：yubg@nuc.edu.cn，QQ：120487362。欢迎各位读者批评指正。

编　者

目录

第 1 章 Python 简介 1
- 1.1 安装 Python 2
- 1.2 Python 2 和 Python 3 的区别 5
- 本章小结 8
- 练习 8

第 2 章 Python 数据类型与运算 9
- 2.1 数据类型 11
- 2.2 运算符与功能命令 12
  - 2.2.1 算数运算符 12
  - 2.2.2 比较运算符 12
  - 2.2.3 赋值运算符 13
  - 2.2.4 常量与变量 15
  - 2.2.5 字符串 16
  - 2.2.6 字符串索引与切片 18
  - 2.2.7 输入和输出 20
  - 2.2.8 原始字符串 21
  - 2.2.9 range 22
  - 2.2.10 元组、列表、字典、集合 22
  - 2.2.11 格式化输出 37
  - 2.2.12 strip、split 40
  - 2.2.13 divmod() 42
  - 2.2.14 join() 42
- 本章小结 43
- 练习 47

第 3 章 流程控制及函数与类 49
- 3.1 流程控制 52
  - 3.1.1 if-else 52
  - 3.1.2 for 循环 53
  - 3.1.3 while 循环 54
  - 3.1.4 continue 和 break 54
- 3.2 遍历 56
  - 3.2.1 range()函数 56
  - 3.2.2 列表与元组的遍历 59
- 3.3 函数 61
  - 3.3.1 函数的定义 61
  - 3.3.2 函数的使用 62
  - 3.3.3 形参和实参 63
  - 3.3.4 参数的传递和改变 63
  - 3.3.5 变量的作用域 66
  - 3.3.6 函数参数的类型 68
  - 3.3.7 任意个数的参数 70
  - 3.3.8 函数调用 71
- 3.4 函数式编程 74
  - 3.4.1 lambda 74
  - 3.4.2 reduce() 75
  - 3.4.3 filter() 76
  - 3.4.4 map() 77
  - 3.4.5 行函数 77
- 3.5 常用的内置函数 78
  - 3.5.1 sum 78
  - 3.5.2 zip 79
  - 3.5.3 enumerate 80
  - 3.5.4 max 和 min 81
  - 3.5.5 eval 81
  - 3.5.6 判断函数 83
- 3.6 常见的错误显示 86
  - 3.6.1 常见的错误类型 87
  - 3.6.2 初学者常犯的错误 89
  - 3.6.3 try 93
  - 3.6.4 assert 95
  - 3.6.5 raise 95
- 3.7 模块和包 96
  - 3.7.1 模块(module) 96
  - 3.7.2 包(package) 100
  - 3.7.3 datetime 和 calendar 模块 101
  - 3.7.4 urllib 模块 105

3.8 类 106
本章小结 109
练习 109

第4章 Python 数据分析实战 113

4.1 关于 Pandas 114
  4.1.1 什么是 Pandas 114
  4.1.2 Pandas 中的数据结构 114
  4.1.3 Pandas 的安装方法 114
  4.1.4 在 Anaconda 中安装第三方库 118
4.2 数据准备 119
  4.2.1 数据类型 119
  4.2.2 数据结构 120
  4.2.3 数据导入 128
  4.2.4 数据导出 131
4.3 数据处理 133
  4.3.1 数据清洗 133
  4.3.2 数据抽取 138
  4.3.3 排名索引 147
  4.3.4 数据合并 151
  4.3.5 数据计算 154
  4.3.6 数据分组 156
  4.3.7 日期处理 157
4.4 数据分析 162
  4.4.1 基本统计 162
  4.4.2 分组分析 163
  4.4.3 分布分析 165
  4.4.4 交叉分析 167
  4.4.5 结构分析 169
  4.4.6 相关分析 170
4.5 数据可视化 172
  4.5.1 饼图 172
  4.5.2 散点图 174
  4.5.3 折线图 176
  4.5.4 柱形图 180
  4.5.5 直方图 183
本章小结 184
练习 184

第5章 其他 187

5.1 文件读写操作 188
  5.1.1 文件的读写方法 189
  5.1.2 文件的其他方法 190
  5.1.3 文件的存储和读取 190
5.2 with 语句 192
5.3 Anaconda 下安装 statsmodels 包 193
5.4 关于 Spyder 界面恢复默认状态的处理 195
5.5 关于 Python 计算精度的问题 197
5.6 矩阵运算 200
  5.6.1 创建矩阵 200
  5.6.2 矩阵属性 200
  5.6.3 解线性方程组 201
  5.6.4 线性规划最优解 202
5.7 正则表达式 203
5.8 使用 urllib 打开网页 209
5.9 网页数据抓取 212
5.10 读取文档 217
本章小结 222
练习 222

参考文献 224

第 1 章

Python 简介

Python 语言是一种简单而又功能强大的编程语言。通过学习，你会发现，Python 语言注重的是如何解决问题，而不是编程语言的语法和结构。

Python 的官方介绍是：Python 是一种简单易学、功能强大的编程语言，它有高效率的高层数据结构，能简单而有效地实现面向对象编程。

Python 简洁的语法和对动态输入的支持，再加上解释性语言的本质，使得它在大多数平台上的许多领域中都是一个理想的脚本语言，特别适用于快速的应用程序开发。不需要任何编程基础，完全可以从零开始学习。

> 注意：Python 语言的创造者 Guido van Rossum 是根据英国广播公司的节目"蟒蛇飞行马戏"来命名这个语言的，Python 的英文本意是"巨蛇，大蟒"。

Python 确实是一种十分精彩且强大的语言。它合理地结合了高性能及使得编写程序简单有趣的特色。

Python 的缺点：前后版本不兼容。这确实是让新、老学习人员感到有点头痛的事情。

因为前后版本不兼容，导致许多人为选择 Python 2.x 还是 Python 3.x 发愁。本书推荐使用 Python 3.x。

的确，当前还有相当多的程序员在使用 Python 2.7，不过 Python 3.x 才是 Python 发展的未来，这就像 Windows 7 和 Windows 10 谁是未来一样。

我们发现，Python 3.x 中的新特性确实很妙，很值得进行深入学习。

其实，我们也不用担心，如果了解了 Python 3.x，则 Python 2.7 的代码阅读起来是根本不成问题的。

1.1 安装 Python

Windows 用户可以访问 https://python.org/download，从网站中下载最新的版本，大小约为 27.4MB。与其他大多数语言相比，Python 的安装包算是十分紧凑的，其安装过程与其他 Windows 软件类似。

在本书即将完成的时候，我们使用的是最新版 Python 3.5.1，所使用的计算机系统为 Windows 10。

安装 Python 很简单，双击 python-3.5.1.exe，勾选 Add Python 3.5 to PATH，再单击 Install Now 即可，如图 1-1 所示，其下方已经显示了安装路径。安装完毕后，会显示安装成功界面，最后单击 Close 按钮就可以使用了。

安装完成后，在"开始"菜单中会显示安装目录，如图 1-2 所示。当我们要编写代码时，直接选择 IDLE 命令即可。

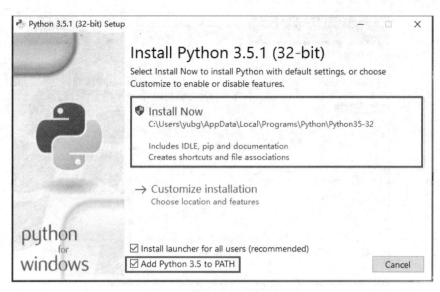

图 1-1　安装界面

图 1-2　"开始"菜单中的安装目录

如果是在 Windows 7 系统中,安装完毕后,还要进行环境的配置(以下是在 Windows 7 系统上安装的 Python 3.3 版本,3.5 版本的安装方法大致相同),具体方法如下。

打开"控制面板"窗口,单击"系统"图标,打开"系统"窗口,在左侧单击"高级系统设置"图标,将弹出"系统属性"对话框。在该对话框中单击"环境变量"按钮,将弹出"环境变量"对话框,在"系统变量"列表框中选择 Path 选项,然后单击"编辑"按钮,在弹出的"编辑系统变量"对话框中编辑 Path 变量。把";C:\Python33"添加到变量值的末尾,如图 1-3 所示。当然,前提是 Python 已经正确地安装在 C 盘的根目录下,即 C 盘中已经存在 Python33 文件夹。

然后在 DOS Shell 命令提示符下输入"python",如果看到如图 1-4 所示的信息,就说明 Python 已经安装成功了。

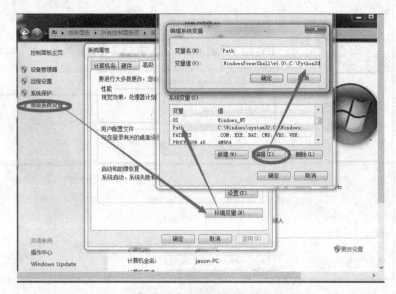

图 1-3　系统变量的设置

图 1-4　在命令提示符下测试 Python 安装

图 1-4 中显示的是在 C 盘下已安装 Python，目录为 C:\Python33。如果与此不一致，需要先下载并安装 Python。

后面还会介绍 Python 的其他安装方法，目的是为了避免安装复杂的 Python 数据包，如 pandas、numpy 等。

关于 Python 下载和学习的网站很多，例如：

- http://freelycode.com/fcode/downloadinstall?listall=True
- www.freelycode.com
- http://pythontutor.com/

综上所述，对于 Windows 系统，要安装 Python，只须下载安装程序，然后双击它就可以了，是非常简单的。从现在起，我们假设已经在计算机系统里安装了 Python 3.5。

打开 Python 的 IDLE，启动 Python 解释器。

我们在>>>提示符后面输入 print('Hello World')，然后按 Enter 键，应该可以看到输出了 Hello World，如图 1-5 所示。

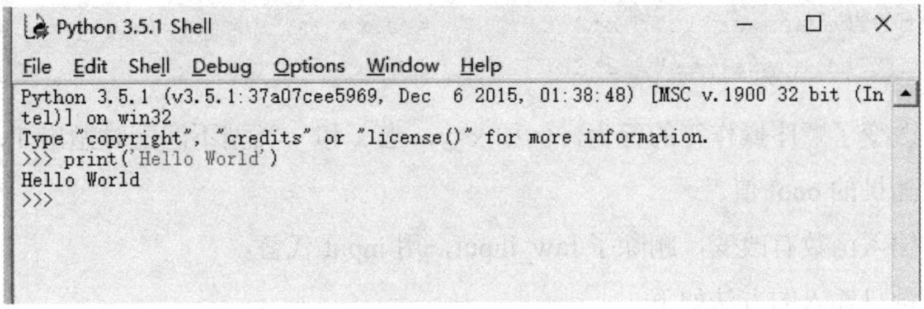

```
Python 3.5.1 Shell
File Edit Shell Debug Options Window Help
Python 3.5.1 (v3.5.1:37a07cee5969, Dec  6 2015, 01:38:48) [MSC v.1900 32 bit (In
tel)] on win32
Type "copyright", "credits" or "license()" for more information.
>>> print('Hello World')
Hello World
>>>
```

图 1-5 IDLE 界面

> **注意：** 此处的>>>为系统自动显示的提示符，不需要人为地输入，而程序中所涉及的括号()、引号''等，都需要在英文半角状态下输入。

1.2 Python 2 和 Python 3 的区别

本节我们讲解 Python 2 和 Python 3 的主要区别。

1. 性能

Python 3.0 运行 PyStone Benchmark 的速度比 Python 2.5 慢 30%。Guido 认为 Python 3.0 有极大的优化空间，在字符串和整型操作上可以取得很好的优化结果。目前 Python 3.5 版本的性能已经优于版本 2.7。

2. 编码

Python 3.x 源码文件默认使用 utf-8 编码，这就使得以下代码是合法的，但在 Python 2.x 中是不可思议的事情，对于中国人来说是个"福音"：

```
>>> 中国 = 'china'
>>> print(中国)
china
>>>
```

3. 语法

(1) 去除了不等号<>，全部改用!=。

(2) 关键词加入 as 和 with，还有 True、False、None。

(3) 整型除法返回浮点数，要得到整型结果，须使用//。

（4）去除 print 语句，加入 print()函数实现相同的功能。同样地，还有 exec 语句，已经改为 exec()函数。

例如：

```
print "The answer is", 2*2         # 2.x
print("The answer is", 2*2)        # 3.x
```

（5）改变了顺序操作符的行为，例如 x<y，当 x 和 y 类型不匹配时抛出 TypeError，而不是返回随机的 bool 值。

（6）输入函数有改变，删除了 raw_input，用 input 代替。

读取键盘输入的方法如下：

```
guess = int(raw_input('Enter an integer : '))      # 2.x
guess = int(input('Enter an integer : '))          # 3.x
```

（7）删除了 cmp()比较函数。

4．数据类型

（1）Python 3.x 去除了 long 类型，现在只有一种整型——int，但它的行为就像 2.x 版本的 long。

（2）dict 的.keys()、.items() 和.values()方法返回迭代器，而先前的 iterkeys()等函数都被废弃。同时去掉的还有 dict.has_key()，用 in 替代。

5．异常

（1）所有异常都从 BaseException 继承，并删除了 StandardError。

（2）去除了异常类的序列行为和.message 属性。

（3）用 raise Exception(args)代替 raise Exception, args 语法。

（4）捕获异常的语法改变，引入了 as 关键字来标识异常实例。在 Python 2.5 中：

```
>>> try:
    raise NotImplementedError('Error')
except NotImplementedError, error:
    print error.message


Error
>>>
```

在 Python 3.0 中：

```
>>> try:
raise NotImplementedError('Error')
except NotImplementedError as error:        #注意这里的 as
```

```
print(str(error))
Error
>>>
```

6．模块变动

(1) 移除了 cPickle 模块，使用 pickle 模块代替。

(2) 移除了 imageop 模块。

(3) 移除了 audiodev、bastion、bsdbb185、exceptions、linuxaudiodev、md5、mimify、MimeWriter、popen2、rexec、sets、sha、stringold、strop、sunaudiodev、timing 和 xmllib 模块。

(4) 移除了 bsddb 模块(单独发布，可以从 http://www.jcea.es/programacion/pybsddb.htm 获取)。

(5) 移除了 new 模块。

(6) os.tmpnam()和 os.tmpfile()函数被移动到 tmpfile 模块下。

7．其他

(1) xrange()改名为 range()，要想使用 range()获得一个 list，必须显式调用：

```
>>> list(range(10))
[0, 1, 2, 3, 4, 5, 6, 7, 8, 9]
>>>
```

(2) bytes 对象不能 hash，也不支持 b.lower()、b.strip()和 b.split()方法，但对于后两者，可以使用 b.strip(b'\n\t\r \f')和 b.split(b' ')来达到相同的目的。

(3) zip()、map()和 filter()都返回迭代器。

(4) file 类被废弃，在 Python 2.5 中：

```
>>> file
<type 'file'>
>>>
```

在 Python 3.x 中：

```
>>> file
Traceback (most recent call last):
File "<pyshell120>", line 1, in <module>
file
NameError: name 'file' is not defined
>>>
```

本 章 小 结

本章主要学习了 Python 的安装和 IDLE 的启用，以及了解了 Python 2.7 和 Python 3.x 之间的差异。

练 习

(1) 请将 IDLE 的 Shell 界面字体调试成 18 号等线 light 字体。

(2) 在 Shell 编辑器的>>>后输入 help()，查看本机安装的 Python 版本信息。

第 2 章

Python 数据类型与运算

我们先了解 Python 的几个语法常识。

1. 代码注释方法

(1) 在一行中，"#"后的语句不再执行，而表示被注释。

(2) 如果要进行大段的注释，可以使用三个单引号(''')或者双引号(""")将注释内容包围。单引号和双引号在使用上没有本质的差别。

【例 2-1】三个双引号注释段落：

```
# -*- coding: utf-8 -*-
"""
Created on Sun Mar 13 21:20:06 2016
@author: yubg
"""
lis=[1,2,3]
for i in lis:      #半角状态冒号不能少，下一行注意缩进
    i+=1
print(i)
```

本例不需要上机操作，仅为展示用法。

2. 用缩进来表示分层

Python 不像 C 语言那样用{}来表示语句块，而是通过让代码缩进 4 个空格来表示分层，当然也可以使用 Tab 键，但不要混合使用 Tab 键和空格来进行缩进，否则会使程序在跨平台时不能正常工作，官方推荐的做法是使用四个空格。

一般来说，行尾遇到":"就表示下一行缩进的开始，如例 2-1 中的"for i in lis"行尾有冒号，下一行的"i+=1"就需要缩进四个空格。

3. 语句断行

一般来说，Python 中的一条语句占一行，在每条语句的结尾处不需要使用分号(;)。但在 Python 中也可以使用分号，表示将两条简单语句写在一行。但如果一条语句较长，要分几行来写，可以使用"\"来进行换行。分号还有个作用，使用在一行语句的末尾，表示对本行语句的结果不打印输出。一般地，系统能够自动识别换行，如在一对括号中间或三引号之间均可换行。例如下面代码中的第三行较长，若要对其分行，则必须在括号内进行(包括圆括号、方括号和花括号)：

```
from pandas import DataFrame      #导入模块中的函数，后面再讲
from pandas import Series
df = DataFrame({'age':Series([26,85,64]),'name':Series(['Ben','Joh','Jef'])})
print(df)
```

分行后的第二行一般空四个空格,在 3.5 版本中已经优化,可以不空四个空格,但是在较低的 3.x 版本中不空四个空格会报错。

```
from pandas import DataFrame
from pandas import Series
df = DataFrame({'age':Series([26,85,64]),    #此语句分成了两行
    'name':Series(['Ben','Joh','Jef'])})
print(df)
```

4. print()的作用

print()会在输出窗口中显示一些文本或结果,便于验证和显示数据。

5. 使用转义符

如果需要在一个字符串中嵌入一个引号,该如何操作?

有两种方法:可以在引号前加反斜杠(\),或者用不同的引号包围这个引号。

例如:

```
>>>s1='I\'am a boy.'    #可以使用转义符\
>>>print(s1)
I'am a boy.

>>>s2="I'am a boy."     #也可以用不同的引号包围起来,此处用双引号是为了区分单引号
>>>print(s2)
I'am a boy.
>>>
```

转义符详见本章 2.2.5 小节的内容。

2.1 数据类型

Python 总共有 6 种数据类型,分别是数字型(Numbers)、字符串型(String)、列表型(List)、元组型(Tuple)、集合型(Sets)和字典型(Dictionaries)。

数字型又可划分为整数型(int)、浮点型(float)、布尔型(bool)和复数型(complex)。

在 Python 中有 4 种类型的数——整数、长整数、浮点数和复数。

例如,2 是一个整数的例子。

长整数不过是大一些的整数。

3.23 和 52.3E-4 是浮点数的例子,E 标记表示 10 的幂。52.3E-4 表示 52.3×10^{-4}。

(-5+4j)和(2.3-4.6j)表示的是复数。

查看数据类型的方法是:

```
>>> type(变量名)
```

例如:

```
>>> a = 1  #int
>>> type(a)
<class 'int'>
>>> b = True  #boolean
>>> type(b)
<class 'bool'>
>>> c = 4+3j  #complex
>>> type(c)
<class 'complex'>
>>> d = 3.14  #float
>>> type(d)
<class 'float'>
>>>
```

2.2 运算符与功能命令

2.2.1 算数运算符

算数运算符如表 2-1 所示。

表 2-1　算术运算符

操 作 符	描　　　述	例子(a=10,b=20)
+	加法,两个对象相加	a + b = 30
-	减法,一个数减去另一个数	a - b = -10
*	乘法,两数相乘或返回一个被重复若干次的字符串	a * b = 200
/	除法,b 除以 a	b / a = 2
%	取模,返回除法的余数	b % a = 0
**	指数,返回 a 的 b 次幂	a**b=100000000000000000000,10 的 20 次幂
//	取整除,返回商的整数部分	9//2 = 4,而 9.0//2.0 = 4.0

2.2.2 比较运算符

比较运算符如表 2-2 所示。

表 2-2 比较运算符

运 算 符	描 述	例子(a=10,b=20)
==	检查两个操作数的值是否相等，若相等则条件变为真	(a == b)不为 true
!=	检查两个操作数的值是否相等，若不相等则条件变为真	(a != b)为 true
>	检查左操作数的值是否大于右操作数的值，若大于则条件为真	(a > b)不为 true
<	检查左操作数的值是否小于右操作数的值，若小于则条件为真	(a < b)为 true
>=	检查左操作数的值是否大于或等于右操作数的值，若大于等于则条件为真	(a >= b)不为 true
<=	检查左操作数的值是否小于或等于右操作数的值，若小于等于则条件为真	(a <= b)为 true

2.2.3 赋值运算符

赋值运算符如表 2-3 所示。

表 2-3 赋值运算符

运算符	描 述	示 例
=	简单的赋值运算符，赋值从右侧操作数到左侧操作数	c = a + b 相当于将 a + b 赋值给 c
+=	加法赋值运算符，左操作数和右操作数和的结果赋给左操作数	c += a 相当于 c = c + a
-=	减赋值运算符，左操作数减去右操作数，并将结果赋给左操作数	c -= a 相当于 c = c - a
*=	乘法赋值运算符，左操作数与右操作数的乘积赋给左操作数	c *= a 相当于 c = c * a
/=	除法赋值运算符，左操作数除以右操作数的结果赋给左操作数	c /= a 相当于 c = c / a
%=	模赋值运算符，左操作数与右操作数模的结果赋给左操作数	c %= a 相当于 c = c % a
**=	指赋值运算符，左操作数的右操作数指数之值赋给左操作数	c **= a 相当于 c = c ** a
//=	地板除，左操作数地板除右操作数，将结果赋给左操作数	c //= a 相当于 c = c // a

【例 2-2】各类运算示例：

```
>>> print(1+9)                    # 加法
10
>>> print(1.3-4)                  # 减法
```

```
-2.7
>>> print(3*5)                          # 乘法
15
>>> print(4.5/1.5)                      # 除法
3.0
>>> print(3**2)                         # 乘方
9
>>> print(10%3)                         # 求余数
1
>>> print(5==6)                         # 相等
False
>>> print(8.0!=8.0)                     # 不相等
False
>>> print(3<3, 3<=3)                    # <小于；<=小于等于
False True
>>> print(4>5, 4>=0)                    # > 大于；>= 大于等于
False True
>>> print(5 in [1,3,5])                 # 5是list [1,3,5]的一个元素
True
>>> print(True and True, True and False)  # and, 两者都为真才是真
True False
>>> print(True or False)                # or, "或" 运算，其中之一为真即为真
True
>>> print(not True)                     # not, "非" 运算，取反
False
>>> divmod(5,2)                         # 表示5除以2，返回了商和余数
(2, 1)
>>> 5/2
2.5
>>>a = 1.5
>>>b = 1
>>>a += b
>>>print(a)
2.5
>>>
```

说明：在 Python 3.5 之前的版本中，当两个整数相除时，其结果取商的整数部分(不是四舍五入)；当除数和被除数之一或两者都是浮点数时，其结果才是浮点数。如计算 5/2 时，得到的结果不是 2.5，而是 2。但在 Python 3.5 版本中已经做了优化，其结果显示为 2.5。若是 3.5 之前的版本，也可以用除法模块 __future__ 中的 division，如下所示：

```
>>> from __future__ import division
>>> 5/2
```

```
2.5
>>> round(1.234567,2)
1.23
>>>
```

但是也有例外：

```
>>> round(2.235,2)
2.23
>>>
```

结果为什么不是 2.24？因为这是由浮点数引起的精确度问题，后续章节将详细介绍 decimal 模块对此类问题的处理方法(from decimal import Decimal)：

```
>>> from decimal import Decimal
>>> from decimal import localcontext
>>> a = Decimal('1.3')
>>> b = Decimal('1.7')
>>> print(a / b)
0.7647058823529411764705882353

>>> with localcontext() as ctx:
ctx.prec = 3
print(a / b)

0.765
>>>
```

思考：为什么>>>print('I love i-nuc.com ' * 5)可以正常执行，而>>>print('I love i-nuc.com ' + 5)却报错？

运算类型不一致。在 Python 中不能把两个完全不同的东西加在一起，比如说数字和文本。正是这个原因，print('I love i-nuc.com ' + 5)才会报错。这就像在说"我的体重 67 公斤加上我的身高 170cm 是多少"一样没有多大意义！不过，文本乘以一个整数来翻倍就具有一定的意义了，print('I love i-nuc.com ' * 5)意思就是将"I love i-nuc.com "这个字符串接连输出 5 次。

2.2.4 常量与变量

常量有数值、字符、逻辑真假，如 12、yy、"12"、true、false。

变量是可以给它赋值的量，如 a=3。

变量只能由数字、字母和下划线构成，但不能以数字开头，而且变量区分大小写；以下划线开头的变量有特殊含义；变量名不能含有空格和标点符号，如括号、引号、逗号、斜线、反斜线、冒号、句号和问号；在 Python 3.x 中，变量也可以是中文。例如：

```
>>> 中国 = "I love you"
>>> list_1 = [1,2,3]
>>> List = [5,6,7]
>>> list_1
[1, 2, 3]
>>> List
[5, 6, 7]
>>>
```

2.2.5 字符串

字符串是字符的序列。字符串基本上就是一组单词。字符串需用单引号('')或者双引号("")括起来。

(1) **使用单引号(')**：可以用单引号指示字符串，就如同'Quote me on this'这样。所有的空白，即空格和制表符都照原样保留。

(2) **使用双引号(")**：双引号与单引号中的字符串在使用上完全相同，例如"What's your name?"。

(3) **使用三引号('''或""")**：利用三引号，可以指示一个多行的字符串。可以在三引号中自由地使用单引号和双引号。

(4) **转义符**：假设想要在一个字符串中包含一个单引号(')，例如字符串 What's your name?，就不能用'What's your name?'来表示，因为这里有三个单引号，Python 不知从何处开始，何处结束。这时，可以通过转义符来完成这个任务，用\'来表示单引号——注意这里的反斜杠。可以把字符串表示为'What\'s your name?'。又如：

```
>>> s = 'Yes,he doesn\'t'
>>> print(s, type(s), len(s))        #len()函数用于查看s的长度
Yes,he doesn't <class 'str'> 14
>>>
```

还可以用另一个表示方法，即用双引号，以便与字符串内的单引号区分开，即"What's your name?"。

类似地，要在双引号字符串中使用双引号时，可以借助于转义符。另外，也可以用转义符 "\\" 来指示反斜杠 "\"。

值得注意的是，在一个字符串中，行末单独一个反斜杠表示字符串在下一行继续，而不是开始一个新的行。例如：

```
"This is the first sentence.\
This is the second sentence."
```

等价于：

```
"This is the first sentence. This is the second sentence."
```

转义字符的种类如表 2-4 所示。

表 2-4　转义字符及其描述

转义字符	描　　述
\(在行尾时)	续行符
\\	反斜杠符号
\'	单引号
\"	双引号
\a	响铃
\b	退格(BackSpace)
\e	转义
\000	空
\n	换行
\v	纵向制表符
\t	横向制表符
\r	回车
\f	换页
\oyy	八进制数 yy 代表的字符，例如，\o12 代表换行
\xyy	十进制数 yy 代表的字符，例如，\x0a 代表换行
\other	其他的字符以普通格式输出

（5）**自然字符串**：如果想要指示某些不需要如转义符那样特别处理的字符串，则需要指定一个自然字符串。自然字符串通过在字符串前添加前缀 r 或 R 来指定。

例如 a=r"Newlines are indicated by \n"，读者可自行测试。

又如：

```
>>> print('C:\some\name')     # \n 表示成了换行符
C:\some
ame
>>> print(r'C:\some\name')
C:\some\name
>>>
```

（6）**Unicode 字符串**：Unicode 是书写国际文本的标准方法。如果想要用其他语言，如北印度语或阿拉伯语写文本，那么就需要有一个支持 Unicode 的编辑器。类似地，Python 允许处理 Unicode 文本——只需要在字符串前加上前缀 u 或 U。例如，u"This is a Unicode string."。

(7) **字符串是不可变的**：这意味着一旦创造了一个字符串，就不能再改变它。虽然这看起来像是一件坏事，但实际上它不是。我们将会在后面的程序中看到为什么说它不是一个缺点。

字符串可以通过"+"运算符串连在一起，或者用"*"运算符重复。例如：

```
>>> print('str'+'ing', 'my'*3)
string mymymy
>>>
```

2.2.6 字符串索引与切片

定义字符串变量并赋值的例子如下：

```
>>> str = "Hello My friend"
```

字符串是一个整体。如果想直接修改字符串，是不可能做到的，但我们能够读出字符串中的某一部分。

1．字符串的索引

给出一个字符串，可输出其任意一个字符。Python 中的字符串有两种索引方式：第一种是从左往右，从 0 开始依次增加；第二种是从右往左，从-1 开始依次减少。例如：

```
>>> word = 'Python'
>>> print(word[0])
P
>>> print(word[-1], word[-6])
n P
>>>
```

2．字符串的切片

切片(也叫分片)就是从给定的字符串中分离出部分内容。

(1) Python 中用冒号分隔两个索引，形式为"变量[头下标:尾下标]"，截取的范围是左闭右开，即不包含尾下标的字符，并且两个索引都可以省略。例如：

```
>>> str = "Hello My friend"
>>> print(str[1:4])
ell
```

```
>>> print(str[:-7])
Hello My
>>> print(str[5:])
 My friend
>>> print(str[:])
Hello My friend
>>>
```

(2) 切片的扩展形式为"str[I:J:K]",从 I 到 J-1,每隔 K 个元素索引一次,如果 K 为负数,就是按从右往左索引。例如:

```
>>> str = "Hello My friend"
>>> print(str[2:7:2])
loM
>>> print(str[2:7:1])
llo M
>>>
```

(3) 字符串包含判断操作符为 in, not in。例如:

```
>>> str = "Hello My friend"
>>> "He" in str
True
>>> "she" not in str
True
>>> str.find('o')            #字符串模块提供的查找方法
4
>>>
```

(4) ord 函数将字符转化为对应的 ASCII 码值,而 chr 函数将数字转化为字符。例如:

```
>>> print(ord('a'))
97
>>> print(chr(97))
a
>>>
```

(5) 处理字符串的内置函数:

```
len(str)                 #串长度
max('abcxyz')            #寻找字符串中最大的字符
min('abcxyz')            #寻找字符串中最小的字符
```

(6) string 的转换:

```
int(str)         #变成整型,如 int("12")的结果为 12,是数值型
```

string 模块还提供了很多方法,例如:

```
S.find(substring, [start [,end]])    #可指范围查找子串,返回索引值,否则返回-1
S.rfind(substring,[start [,end]])    #反向查找
S.index(substring,[start [,end]])    #同find,只是找不到会产生ValueError异常
S.rindex(substring,[start [,end]])   #同上反向查找
S.count(substring,[start [,end]])    #返回找到子串的个数
S.capitalize()          #首字母大写
S.lower()               #转小写
S.upper()               #转大写
S.swapcase()            #大小写互换
S.split()       #将string转list,默认以空格切分,也可以指定字符切分
```

2.2.7 输入和输出

1. print

print 是一个常用函数,其功能就是输出括号中的字符串(在 Python 2.x 中,print 格式写成 print 'Hello World!')。

print 可以有多个输出,以逗号分隔。例如:

```
>>> a=10
>>> print(a,type(a))
10 <class 'int'>
>>>
```

若要将多个结果打印在一行,并以逗号分隔,可以在 print 中添加 end=',',例如 print(test_list[i], end=','),后面将会用到。

2. input

input 函数将用户输入的内容作为**字符串**的形式返回,就算输入的是数字,但返回的"数字"的类型也是字符串型。

【例 2-3】input 输入:

```
>>> a = input("Input: ")
Input: 12
>>> a
'12'
>>> type(a)
<class 'str'>
>>> b=input('请您输入:')
请您输入:abc
```

```
>>> b
'abc'
>>> type(b)
<class 'str'>
>>> c = int(input("请您输入数字："))
请您输入数字：231
>>> type(c)
<class 'int'>
>>> d=int(input('请输入字符：'))
请输入字符：acd
Traceback (most recent call last):
  File "<pyshell#10>", line 1, in <module>
    d=int(input('请输入字符：'))
ValueError: invalid literal for int() with base 10: 'acd'
>>>
```

如果要想获取数字，可以使用 int 函数将接收进来的"数字"字符转化为数字。例如：

```
x = int(input("输入："))
```

但需要注意，不可以输入字符型，如输入字母则会报错，如例 2-3 最后输入的 acd。

2.2.8 原始字符串

先看个例子：

```
>>> d="c:\news"
>>> d
'c:\news'
>>> print(d)
c:
ews
>>>
```

执行 print(d)语句时，出现的不是 c:\news，而是把其中的\n 看成了换行符。

为了避免在 print 的时候出现上述的歧义现象，可以引入转义符，即 d="c:\\news"，但若输出的路径较长，为了方便起见，可以在引号的前面加上 r，表示 r 后面引号里的东西按原样输出。上面的例子可改写如下：

```
>>> d=r"c:\news"
>>> d
'c:\\news'
>>> print(d)
c:\news
```

```
>>>
```

2.2.9 range

Python 中的内置函数 range(n)表示一个从 0 到 n-1 的长度为 n 的序列。

当然,可以自定义我们需要的起始点和结束点,例如:

```
>>> range(1,5)    #代表从1到5(不包含5),即1、2、3、4
>>>
```

range(n)函数还可以定义步长。

下面我们定义一个从 1 开始到 30 结束,步长为 3 的列表:

```
>>> range(1,30,3)
range(1, 30, 3)
>>> list(range(1, 30, 3))  #这里用list列表把值显示出来,list在后面介绍
[1, 4, 7, 10, 13, 16, 19, 22, 25, 28]
>>>
```

默认情况下,range()的起始值是 0。

在 numpy 模块中,arange()类似于 range 函数,调用时须导入该模块:

```
import numpy
numpy.arange(n)
```

2.2.10 元组、列表、字典、集合

1. tuple

元组(tuple)类似于向量,元组的元素不能修改。元组写在小括号里,元素之间用逗号隔开,和向量的写法一致。元组中的元素类型也可以不相同,示例如下:

```
>>> a = (1991, 2014, 'physics', 'math')
>>> print(a, type(a), len(a))
(1991, 2014, 'physics', 'math') <class 'tuple'> 4
>>>
```

元组与字符串类似,可以被索引且下标索引从 0 开始,也可以进行截取切片(其实,可以把字符串看作一种特殊的元组)。例如:

```
>>> tup = (1, 2, 3, 4, 5, 6)
>>> print(tup[0], tup[1:5])
1 (2, 3, 4, 5)
>>> tup[0] = 11            # 修改元组元素的操作是非法的
Traceback (most recent call last):
  File "<pyshell#21>", line 1, in <module>
```

```
    tup[0] = 11
TypeError: 'tuple' object does not support item assignment
>>>
```

虽然 tuple 的元素不可改变，但它可以包含可变的对象，比如 list 列表。对于构造包含 0 个或 1 个元素的 tuple 是个特殊的问题，所以有一些额外的语法规则：

```
>>> tup1 = ()        #空元组
>>> tup1
()
>>> tup2 = (20,)   #创建只有一个元素的元组，该元素后面的逗号不可忽略
>>> tup2
(20,)
>>> tup3 = (20)
>>> tup3
20
>>>
```

💡 **注意：** 元组(2)其实就是数字 2，仍然是整型，但(2,)就是元组。元组是不可添加和删除的。另外，元组也支持用"+"操作符。例如：

```
>>> tup1, tup2 = (1, 2, 3), (4, 5, 6)
>>> print(tup1+tup2)
(1, 2, 3, 4, 5, 6)
>>>
```

元组由不同的元素组成，每个元素可以存储不同类型的数据，而元组中的元素则代表不同的数据项。元组的创建可以不定长，但创建后和字符串一样，都是不可修改的。

例如：

```
>>> user=(1,2,3)
>>> user[0]=2

Traceback (most recent call last):
  File "<pyshell5>", line 1, in <module>
    user[0]=2
TypeError: 'tuple' object does not support item assignment
>>>
```

元组的添加：

```
>>> user = ('01','02','03','04')
>>> user = (user,'05')   #注意结果与两元组用"+"操作符结果的比较
>>> user
(('01', '02', '03', '04'), '05')
```

```
>>>
```

元组的访问：

```
>>> user = ('01','02','03','04')
>>>user[0]
'01'
>>>user[2]
'03'
>>>
```

元组包含以下内置函数。

- len(tuple)：计算元组元素的个数。
- max(tuple)：返回元组中元素的最大值。
- min(tuple)：返回元组中元素的最小值。
- tuple(list)：将列表转换为元组(list 在后面介绍)。

💡 **注意**： cmp()函数在 Python 3.5 中已经被删除。

二元元组(二维)的访问：

```
>>>user1 = (1,2,3)
>>>user2 = (4,5,6)
>>>user = (user1,user2)
>>>print(user[1][2])
  6
```

元组的解包：

```
>>> user = (1,2,3)
>>> a,b,c = user     #变量个数要等于元组的长度
>>> a
1
>>> b
2
>>> c
3
>>>
```

2．list

列表(list)用方括号[]标识，其元素写在方括号之间，并用逗号分隔开。列表中元素的类型可以不相同，例如 a = ["I","you","he",5]。

列表的索引同字符串和元组一样，如图 2-1 所示。

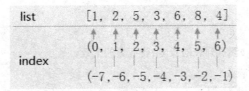

图 2-1　list 索引图

列表 array = [1, 2, 5, 3, 6, 8, 4]对应的元素 1=array[0]= array[-7]，以此类推。

从 0 开始，0 表示第一个元素索引，-1 表示最后一个元素索引，-len(array)表示第一个元素的索引，len(array)-1 表示最后一个元素的索引。

len(list)表示取 list 的元素数量，也即 list 的长度。

创建连续的 list：

```
>>> list(range(1,5))
[1, 2, 3, 4]
>>> list(range(1, 10, 2))    #步长为2，从1开始，每隔2取一个数
[1, 3, 5, 7, 9]
>>>
```

和字符串一样，列表同样可以被索引和切片，列表被切片后，返回一个包含所需元素的新列表。例如：

```
>>> a = ["I","you","he",5]
>>> a[1:3]
['you', 'he']
>>> a[1]
'you'
>>> a[1]='she'
>>> a
['I', 'she', 'he', 5]
>>>
```

从上面的语句可以看出，列表是可以改变的，a[1]由原来的'you'变成了'she'。

列表还支持串联操作，使用 "+" 操作符：

```
>>> a = [1, 2, 3, 4, 5]
>>> a + [6, 7, 8]
[1, 2, 3, 4, 5, 6, 7, 8]
>>>
```

使用 a[n:n]=[q]可以在列表 a 中的 n 位置插入一个值 q。例如：

```
>>> a = [1, 2, 4, 5]
>>> a[2:2]=[3]    #在列表中的某位置插入一个值
```

```
>>> a
[1, 2, 3, 4, 5]
>>> len(a)          #测试列表的长度(含元素的个数)
5
>>>
```

使用 list(str)可以将字符串转化为列表。例如:

```
>>> word='hello'
>>> list(word)      #将字符串转化为列表
['h', 'e', 'l', 'l', 'o']
>>>
```

下面介绍 list 的有关方法。

(1) list 的元素追加。

① L.append(var): 追加元素,追加的元素可以是一个 list、数、字符串等。

例如:

```
>>> w=[1,2,'L']
>>> q=[8,9]
>>> w.append(q)     #不能写成 w=w.append(q)
>>> w
[1, 2, 'L', [8, 9]]
>>>
```

💡 **注意:** append 方法不能返回值,所以像 w=w.append(q)这样写是错误的。

② L.extend(list): 合并两个列表,即把 list 追加到 L 列表中。不能追加单个元素。

例如:

```
>>> w=[1,2,'L']
>>> q=[8,9]
>>> w.extend(q)
>>> w
[1, 2, 'L', 8, 9]
>>>
```

💡 **注意:** append 和 extend 的区别是: append 是对列表添加元素,extent 是合并两个列表。

③ L.insert(index,var): 在 index 位置插入 var 元素。

例如:

```
>>>a = ["I","you","he",5]
```

```
>>>a.insert(1,'love')
>>>a
['I', 'love', 'you', 'he', 5]
>>>
```

(2) 从 list 删除元素。

使用 L.pop(index)从 list 删除元素，返回被删除的 index 位置元素，只能删一个元素，并从 list 中删除这个元素。默认删除最后一个元素。例如：

```
>>>a = ["I","you","he",5]
>>>a.pop(2)
'he'
>>>a
['I', 'you', 5]
>>>a.pop()
5
>>>a
['I', 'you']
>>>
```

使用 del L[index]删除指定索引的元素。例如：

```
>>>a = ["I","you","he",5]
>>>del a[3]
>>>a
['I', 'you', 'he']
>>>
```

使用 del L[m:n]删除指定索引范围的元素。例如：

```
>>> a = [1, 2, 3, 4, 5]
>>> del a[1:3]      #删除 list 中索引为 1、2 的值
>>> a
[1, 4, 5]
>>>
```

使用 L.remove(var)删除第一次出现的 var 元素。例如：

```
>>>li = [1,2,3,4,5,4,6]
>>>li.remove(4)
>>>li
[1, 2, 3, 5, 4, 6]
>>>
```

另外，还可以使用切片的方法来删除。例如：

```
>>>li = [1,2,3,4,5,6]
```

```
>>>li = li[:-1]
>>>li
[1, 2, 3, 4, 5]
>>>
```

(3) list 操作符(:、+、*)。例如:

```
>>> a = ["I","you","he",5]
>>> a[1:]              #片段操作符,用于子 list 的提取
['you', 'he', 5]
>>> [1,2]+[3,4]        #同 extend()
[1, 2, 3, 4]
>>> [2]*4
[2, 2, 2, 2]
>>>
```

(4) list 的索引冒号用法。

冒号前后表示索引切片的起止位置。例如:

```
>>> array = [1, 2, 5, 3, 6, 8, 4]
>>> array[0:]   #列出索引 0 以后的
[1, 2, 5, 3, 6, 8, 4]
>>> array[1:]   #列出索引 1 以后的
[2, 5, 3, 6, 8, 4]
>>> array[:-1]  #列出索引-1 之前的
[1, 2, 5, 3, 6, 8]
>>> array[3:-3] #列出索引 3 到索引-3 之间的
[3]
>>>
```

两个冒号[::]表示取全部索引。例如:

```
>>> array = [1, 2, 5, 3, 6, 8, 4]
>>> array[::2]    #表示步长为 2 取元素,即隔一个元素取一个元素
[1, 5, 6, 4]
>>> array[2::]
[5, 3, 6, 8, 4]
>>> array[::3]
[1, 3, 4]
>>> array[::4]
[1, 6]
```

双冒号[::]还可以形成 reverse 函数的效果。例如:

```
>>> array = [1, 2, 5, 3, 6, 8, 4]
>>> array[::-1]
```

```
[4, 8, 6, 3, 5, 2, 1]
>>> array[::-2]
[4, 6, 5, 1]
>>>
```

(5) list 排序。

对列表进行排序可以使用 sort()和 sorted()函数。

① sort()：此函数对列表排序时，会改变列表本身，从而让其中的元素按一定的顺序排列。例如：

```
>>> a = [3,2,5,4,9,8,1]
>>> a.sort()
>>> a
[1, 2, 3, 4, 5, 8, 9]
>>> sort(a)
Traceback (most recent call last):
  File "<pyshell#3>", line 1, in <module>
    sort(a)
NameError: name 'sort' is not defined
>>> help(a)
… … …
sort(...)
    L.sort(key=None, reverse=False) -> None -- stable sort *IN PLACE*
>>>
```

从 help 可知，sort()默认按从小到大排序，可以添加参数 reverse=True，变成从大到小排列。例如：

```
>>> e=[1, 3, 2, 4, 5]
>>> e.sort(reverse=True)
>>> e
[5, 4, 3, 2, 1]
>>>
```

> 注意： sort()函数使用的是"."方法，即 a.sort()，使用 sort(a)就会报错。sort()函数会改变原来的列表，且函数返回值为空，即 None。因此，如果需要一个已排好序的列表副本，同时又要保留原有列表不被改变，就不能直接简单地使用 sort()函数(为了实现上述功能，可以使用 sorted(a)方法)。例如：
> ```
> >>> L = [3,2,5,4,9,7,1]
> >>> e = L.sort()              #返回空值 None
> >>> print(e)
> None
> ```

```
>>> L
[1, 2, 3, 4, 5, 7, 9]
>>>
```

② sorted()：此函数对列表进行排序时，直接获取列表排序的一个副本。sorted()函数可以用于任何可迭代的对象。例如：

```
>>> a = [3,2,5,4,9,8,1]
>>> sorted(a)              #对a排序后产生一个新的列表
[1, 2, 3, 4, 5, 8, 9]
>>> a
[3, 2, 5, 4, 9, 8, 1]
>>>
```

注意： ① a.sort()和 sorted(a)有区别：sorted(a)产生的是一个新列表，不改变原列表a；而a.sort()是对列表a直接排序，破坏了原列表。② sorted()既产生新的排序列表又保持原列表不被改变，这个功能也可以通过拷贝副本的方法来实现：先获取列表a的一个副本b，然后再对b进行b.sort()排序。

为了理解得更深刻，我们将对a和b的存储地址进行查验，代码如下：

```
>>> a = [3,2,5,4,9,8,1]
>>> id(a)                  #查看a的存储地址
55494776
>>> b=a[:]                 #拷贝一个副本b
>>> b
[3, 2, 5, 4, 9, 8, 1]
>>> id(b)                  #查验b的存储地址
55486264                   #发现b和a地址不一致，说明复制了一份
>>> c=a                    #再复制一个副本c，比较c和a的存储地址
>>> c
[3, 2, 5, 4, 9, 8, 1]
>>> id(c)                  #查验c的存储地址
55494776        #发现c的地址跟a一致，说明c是a的一个标签，不是真复制
>>> b.sort()               #对b进行排序
>>> b
[1, 2, 3, 4, 5, 8, 9]
>>> a                      #b排序后对a没有影响
[3, 2, 5, 4, 9, 8, 1]
>>> c.sort()               #对c进行排序
>>> c
[1, 2, 3, 4, 5, 8, 9]
>>> a                      #c排序后对a有影响
```

```
[1, 2, 3, 4, 5, 8, 9]
>>>
```

从上面代码显示的存储地址知道，c 仅仅是 a 的一个标签，并不是真正意义上的复制，不论是 a 改变，还是 c 改变，其实改变的都是同一个地址里的内容，所以互相有影响。只有 b 才是真正意义上的拷贝，后面我们还会遇到"深拷贝"。再如：

```
>>> x=[4,6,2,1,7,9,4]
>>> y=x[:]
>>> y.sort()
>>> print(x)
[4, 6, 2, 1, 7, 9, 4]
>>> print(y)
[1, 2, 4, 4, 6, 7, 9]
>>>
```

> **说明：** 调用 x[:] 得到的是包含了 x 所有元素的切片，这是一种很有效率的复制整个列表的方法。通过 y=x 简单地将 x 赋值给 y，仅仅是给 y "贴"了一个指向 x 的标签，最终 x 和 y 都指向了同一个列表。

③ reverse()：此函数用来进行倒序排列。例如：

```
>>> e=[1, 3, 2, 4, 5]
>>> e.reverse()
>>> e
[5, 4, 3, 2, 1]
>>>
```

或者：

```
>>> reversed([1,2,'L'])    #这样返回的是一个迭代器，可以用 list 转化为列表
<list_reverseiterator object at 0x02C921B0>
>>> list(reversed([1,2,'L']))
['L', 2, 1]
>>>
```

或者：

```
>>> w=[1,2,'L']
>>> w[::-1]
['L', 2, 1]
>>>
```

对字符串也可以同样反转。

(6) 其他方法。

- L.count(var)：返回 var 元素在列表中出现的个数。
- L.index(var)：返回第一个 var 元素的位置，无则抛出异常。

列表对象常用的方法汇总如表 2-5 所示。

表 2-5　list 对象常用的方法

方法	说明
list.append(x)	把一个元素添加到列表的结尾，相当于 a[len(a):] = [x]
list.extend(L)	将一个给定列表中的所有元素都添加到另一个列表中，相当于 a[len(a):] = L
list.insert(i, x)	在指定的索引位置 i 插入一个元素 x。如 a.insert(0, x)会插入到整个列表之前，而 a.insert(len(a), x)相当于 a.append(x)
list.remove(x)	删除列表中第一次出现的值为 x 的元素。如果没有这样的元素，就会返回一个错误
list.pop(i)	从列表的指定位置删除元素，并将其返回。如果没有指定索引，a.pop()返回最后一个元素，该元素随即从列表中被删除
list.index(x)	返回列表中第一个值为 x 的索引。如果没有匹配的元素，就会返回一个错误
list.count(x)	返回 x 在列表中出现的次数(可以用于做列表中的查重)
list.sort()	对列表中的元素就地进行排序(改变了原列表)
list.reverse()	就地倒排列表中的元素(改变了原列表)

3．dict

先来看列表存储通信录。

【例 2-4】通信录的存储：

```
>>> name=["Ben","Jone","Jhon","Jerry","Anny","Ivy","Jan","Wong"]
>>> tel=[6601,6602,6603,6604,6605,6606,6607,6608]
```

这里通信录存储在两个 list 中(一个 list 是姓名，一个 list 是对应的手机号)，但是要查阅某个人的电话号码，显得很不方便。

为了便于查阅，在 Python 中有另外一种存储方式：字典。

字典是一种映射类型(mapping type)，它是一个无序的"键: 值"对集合。每一个元素都是 pair，包含关键字 key、value 两部分。

key 是 Integer 或 string 类型，value 是任意类型。即：

```
{key: value}
```

关键字(key)必须使用不可变类型，在同一个字典中，关键字必须互不相同。例如：

```
>>> dic = {}     #创建一个空字典
>>> dic_tel = {'Jack':1557, 'Tom':1320, 'Rose':1886} #创建一个字典
>>> print(dic_tel)   #打印字典
```

```
{'Tom': 1320, 'Rose': 1886, 'Jack': 1557}
>>>
```

所以例 2-4 也可以用字典来存储。下面用遍历的方法来操作(遍历将在后面介绍)，其原理是：每次从 name 中取一个姓名，记为 n1，再从 tel 中取对应的号码，记为 t1，再把 n1 和 t1 组成键值对 n1:t1，作为字典 Tellbook 中的一个元素，如此循环，就全部构成了字典的元素。

【例 2-5】列表转成字典：

```
>>> name=["Ben","Jone","Jhon","Jerry","Anny","Ivy","Jan","Wong"]
>>> tel=[6601,6602,6603,6604,6605,6606,6607,6608]
>>> Tellbook={}     #创建一个空字典
>>> for i in range(len(name)):
      d1="{}".format(name[i])        #从 name 中取一个姓名
      d2="{}".format(tel[i])         #从 tel 中取一个电话
      Tellbook[d1]=d2                #再把 d2 赋值给字典 Tellbook 的 d1 键
>>> print(Tellbook)
{'Jan': '6607', 'Ben': '6601', 'Ivy': '6606', 'Anny': '6605',
'Wong': '6608', 'Jhon': '6603', 'Jone': '6602', 'Jerry': '6604'}
>>>
```

(1) 字典的增、删、改、查。

以下为字典的一些常用操作方法示例：

```
Tellbook['Wang'] = 3           #给键赋值，若键不存在，则直接创建此键
del Tellbook['Wong']           #删除一个键值对
Tellbook['Ben']                #通过 key 查询对应的值
list(Tellbook.keys())          #返回所有 key 组成的 list
list(Tellbook.values())        #返回所有 value 组成的 list
sorted(Tellbook.keys())        #按 key 对字典排序
'Ben' in Tellbook              #成员测试
'Mary' not in Tellbook         #成员测试
```

可以用构造函数 dict()直接从键值对构建字典，例如：

```
>>> dict([('sape', 4139), ('guido', 4127), ('jack', 4098)])
{'guido': 4127, 'jack': 4098, 'sape': 4139}
>>> dict(sape=4139, guido=4127, jack=4098)
{'guido': 4127, 'jack': 4098, 'sape': 4139}
>>>
```

字典有.items 方法：将字典里的元素(一个键值对)转化为元组，作为列表的一个元素。例如：

```
>>> d= {'a':1, 'b':2, 'c':3}
>>> t= d.items()
>>> print(t)
dict_items([('b', 2), ('c', 3), ('a', 1)])
>>> list(t)
[('b', 2), ('c', 3), ('a', 1)]
>>>
```

当然，上面的过程是可逆的，即元组列表可以初始化成字典：

```
>>> t=[('a',1),('b',2),('c',3)]
>>> d=dict(t)
>>> print(d)
{'b': 2, 'c': 3, 'a': 1}
>>>
```

使用 update 函数可以合并两个字典：

```
>>> dict = {'Name': 'Zara', 'Age': 7}
>>> dict2 = {'Sex': 'female'}
>>> dict.update(dict2)
>>> dict
{'Age': 7, 'Sex': 'female', 'Name': 'Zara'}
>>>
```

用 tuple 作为键可以创建字典：

```
>>> seq = ('name', 'age', 'sex')
>>> dict = dict.fromkeys(seq)      #给字典 key 的赋值来自 seq
>>> dict           #因为仅有 key，没有 value，所以显示键值为空 None
{'sex': None, 'age': None, 'name': None}
>>> dict = dict.fromkeys(seq, 10)  #给字典键值对赋值，这里假设都赋 10
>>> dict
{'sex': 10, 'age': 10, 'name': 10}
>>>
```

字典有下列 "." 方法：

```
D.get(key, 0)       #同 dict[key]，此处参数为 0(也可以是其他的，如 none)，
                    #表示字典 D 中若没有 key 键则返回指定的值 0
D.keys()            #返回字典键的列表
D.values()          #返回字典值的列表
D.items()           #将字典转化为元组作为元素的一个列表
D.update(dict2)     #合并字典，将 dict2 增加到当前的字典中
D.pop(key)          #从字典中删除指定的键值对，键名这个参数必须有
D.popitem()         #没有参数则从字典中随机删除一个键值对。已空则抛出异常
```

```
D.clear()              #清空字典，不同于 del dict 是删除字典
D.copy()               #拷贝字典
Dict1=dict.copy()      #克隆，即另一个浅拷贝，深拷贝则是 deepcopy
```

示例如下：

```
>>> dict={'sex': 10, 'age': 10, 'name': 10}
>>> dict.get('sex', 'None')  #若没有 sex 键，则返回指定的 None
10
>>> dict.keys()        #要想获取键名列表，直接 list(dict.keys())即可
dict_keys(['sex', 'age', 'name'])
>>> dict.items()       #要想获取键值列表，直接 tuple(dict.keys())即可
dict_items([('sex', 10), ('age', 10), ('name', 10)])
>>> dict.pop('sex')    #删除 sex 键值对
10
>>> dict
{'age': 10, 'name': 10}
>>> dict['sex']=10     #增加键值对 sex: 10
>>> dict
{'sex': 10, 'age': 10, 'name': 10}
>>> dict.popitem()     #随机删除一个键值对
('sex', 10)
>>> dict
{'age': 10, 'name': 10}
>>> dict1=dict.copy()  #复制(浅拷贝)一个字典，浅拷贝只对简单类型拷贝
>>> dict1
{'age': 10, 'name': 10}
>>> dict.clear()       #清空字典，不是删除字典，即得到一个空字典
>>> dict               #dict 已经变成了一个空字典
{}
>>> import copy        #导入 copy 函数(或者是模块)
>>> dict=copy.deepcopy(dict1)   #深拷贝，将 dict1 拷贝给 dict
>>> dict
{'age': 10, 'name': 10}
>>>
```

【例 2-6】 字典内置 get 方法的调用。

假设用户在终端输入字符串："1"、"2"或"3"，则返回对应的内容，如果输入其他的，则返回"error"。程序如下：

```
>>>info = {'1':'first','2':'second','3':'third'}
>>>print(info.get(input('input type you number:'),'error'))
input type you number:2
second
```

```
>>>
```

回顾一下 D.get(key, None)的用法：表示字典 D 中若有 key 这个键，则返回其键值；若没有 key 键，则返回指定的值 None。当然，这里的 None 也可以改写成 D.get(key, '哈哈，别逗，你输错了！')，当没有 key 键的时候，则返回'哈哈，别逗，你输错了！'

具体程序如下：

```
>>>info = {'1':'first','2':'second','3':'third'}
>>>print(info.get(input('input type you number:'),'哈哈，别逗，你输错了！'))
input type you number:5
哈哈，别逗，你输错了！
>>>
```

(2) 字典的排序。

在程序中使用字典进行数据信息统计时，由于字典是无序的，所以打印输出的字典内容也是无序的。因此，为了方便结果查看，需要对字典进行排序。Python 中字典的排序分为按键 key 排序和按值 value 排序。

① 按"值"排序。

按"值"排序，就是根据字典的 value 进行排序，可以使用内置的 sorted()函数。

例如：

```
>>> dict={'班级': 1, 'age': 10, 'score': 10}
>>> sorted(dict.items(), key=lambda e:e[1], reverse=True)
[('score', 10), ('age', 10), ('班级', 1)]
>>>
```

其中 e 表示 dict.items()中的一个元素，e[1]则表示按值排序。reverse=False 可以省略，默认为升序排列。

> **说明：** 字典的.items()函数返回的是一个列表，列表的每个元素都是一个键和值组成的元组。因此，sorted(dict.items(), key=lambda e:e[1], reverse=True)返回的值同样是由元组组成的列表。lambda 函数后面会专门介绍。

② 按"键"排序。

对字典进行按键排序也可以使用 sorted()函数，只要修改为 sorted(dict.items(), key=lambda e:e[0], reverse=True)即可。

4. set

集合(set)是一个无序、不重复元素的集，set 的基本功能是去重。可以使用大括号{}或者 set()函数创建 set 集合。

💡 **注意：** 创建空集合必须用 set()，不能使用{ }，因为{ }是用来创建空字典的。

例如：

```
>>> student = {'Tom', 'Jim', 'Mary', 'Tom', 'Jack', 'Rose'}  #有重复元素
>>> print(student)         #重复的元素被自动去掉
{'Jim', 'Jack', 'Mary', 'Rose', 'Tom'}
>>> 'Rose' in student      #membership testing(成员测试)
True
>>>student.add('Ben')      #增加一个元素
>>> print(student)
>>>{'Jim', 'Jack', 'Mary', 'Rose', 'Tom', 'Ben'}
>>>
```

集合的运算：

```
>>> a = set('abracadabra')    #将字符串拆成集合
>>> a
{'b', 'd', 'r', 'a', 'c'}
>>> b = set('alacazam')       #将字符串拆成集合
>>> b
{'l','m','z','a','c'}
>>> a-b                       #从a中去除b的元素
{'b', 'd', 'r'}
>>> a|b                       #a和b的并集
{'l','r','a','c','z','b','m','d'}
>>> a&b                       #提取 a 和 b 的公共元素——交集
{'a', 'c'}
>>> a^b        #提取 a 和 b 中不同时存在的元素(交集的补集，也叫对称差)
{'l','r','z','m','b','d'}
>>>
```

集合的去重。集合有过滤重复元素的功能，自动将重复元素删除。例如：

```
>>> set((2,2,2,4,4))
{2, 4}
>>>
```

2.2.11 格式化输出

1．%格式化输出

Python 用 print 进行格式化输出，有以下几种模式。

（1）输出字符串：

```
>>> print("His name is %s"%("Aviad"))
His name is Aviad
>>>
```

打印输出的内容里("His name is %s"%("Aviad"))有两个%,其中%s 表示先在"His name is %s"这个字符串中占个位置,而后面的"Aviad"才是%s 位置上真正要显示的内容,也就是%s 位置上要显示的内容在后面%的括号内,即"Aviad"。

(2) 输出整数:

```
>>> print("He is %d years old"%(25))
He is 25 years old
>>>
```

第一个例子中%s 是要替字符串占位置,这里的%d 表示要输出后面提供的整数。

(3) 输出浮点数:

```
>>> print("His height is %f m"%(1.83))
His height is 1.830000 m
>>>
```

这里%f 表示输出后面提供的浮点数。

(4) 输出浮点数(指定保留小数点位数):

```
>>> print("His height is %.2f m"%(1.83))
His height is 1.83 m
>>>
```

这里的%.2f 表示只显示小数点后两位数字,也就是指定了保留小数点位数。

(5) 输出指定占位符的宽度:

```
>>> print("Name:%10s Age:%8d Height:%8.2f"%("Aviad",25,1.83))
Name:     Aviad Age:      25 Height:    1.83
>>> print('i love %.2s'%'python')
i love py
>>>
```

(6) 输出指定占位符的宽度(左对齐):

```
>>> print("Name:%-10s Age:%-8d Height:%-8.2f"%("Aviad",25,1.83))
Name:Aviad      Age:25       Height:1.83
>>>
```

(7) 指定占位符(0 或者空格):

```
>>> print("Name:%-10s Age:%08d Height:%08.2f"%("Aviad",25,1.83))
Name:Aviad      Age:00000025 Height:00001.83
```

```
>>>
```

2. format 格式化输出

格式化字符串的函数 str.format()可谓威力十足。format 函数跟前面的%型格式化字符串相比，其优越性是通过{}和.来代替%，看如下示例：

```
>>> '{0},{1}'.format('yubg',39)      #这里的 0 和 1 表示的是位置索引
'yubg,39'
>>> '{},{}'.format('yubg',39)        #位置索引也可以为空
'yubg,39'
>>> '{1},{0},{1}'.format('yubg',39)  #可以接受多个参数，位置可以无序
'39,yubg,39'
>>>
```

format 的关键字参数：

```
>>> '{name},{age}'.format(age=39,name='yubg')
'yubg,39'
>>>
```

有多个输出需要多个占位符时，可以通过设定下标加以区分：

```
>>> p=['yubg',39]
>>> '{0[0]},{0[1]}'.format(p)
'yubg,39'
>>>
```

格式限定符：它有着丰富的格式，比如填充与对齐，语法为{}中带:号。填充和对齐经常一起使用。

- ^——居中，后面带宽度。
- <——左对齐，后面带宽度。
- >——右对齐，后面带宽度。
- :——后面带填充的字符，只能是一个字符，不指定时，默认是用空格填充。

例如：

```
>>> '{:>8}'.format('189')   #默认是用空格来占位，要显示的内容靠右对齐
'     189'
>>> '{:0>8}'.format('189')  #用 0 来占位
'00000189'
>>> '{:a<8}'.format('189')  #用字母 a 来占位，要显示的内容靠左对齐
'189aaaaa'
>>> '{:*^7}'.format('189') #用*来占位，共显示 7 位，要显示的内容居中
'**189**'
```

```
>>>
```

精度与类型 f：精度常跟浮点数类型 f 一起使用。

例如：

```
>>> '{:.2f}'.format(321.33345)      #保留两位有效数字
'321.33'
>>>
```

2.2.12　strip、split

1. strip()

strip、lstrip、rstrip 的使用方法如下。

- strip：去掉字符串两边的空格。
- lstrip：去掉字符串左边的空格。
- rstrip：去掉字符串右边的空格。

Python 中的 strip 用于去除字符串的首尾字符，同理，lstrip 用于去除左边的字符，rstrip 用于去除右边的字符。这三个函数都可以传入一个参数，指定要去除的首尾字符。需要注意的是，传入的是一个字符数组时，编译器去除两端所有相应的字符，直到没有匹配的字符为止，例如：

```
>>> theString = 'saaaay yes or no yaaaass'
>>> print(theString.strip('say'))
 yes or no
>>> theString
'saaaay yes or no yaaaass'
>>>
```

theString 依次被去除首尾在['s','a','y']列表内的字符，直到字符不在数组内，所以，输出的结果为：yes or no。当然，这里生成的是一个"副本"，不会改变原来的字符串 theString。

lstrip 和 rstrip 的原理一样。当没有传入参数时，是默认去除首尾的空格。

例如：

```
>>> theString = 'saaaay yes or no yaaaass'
>>> print(theString.strip('say') )
 yes or no
>>> theString.strip('say')
' yes or no '
```

```
>>> theString.strip('say ')
'es or no'
>>> theString.lstrip('say')
' yes or no yaaaass'
>>> theString.rstrip('say')
'saaaay yes or no '
>>>
```

2. split()

split()的作用是对字符串进行分割。

(1) 按某个字符分割。如按'.'进行分割：

```
>>> str = ('www.i-nuc.com')
>>> print(str)
www.i-nuc.com
>>> str_split = str.split('.')
>>> print(str_split)
['www', 'i-nuc', 'com']
>>>
```

(2) 按某个字符分割，且分割 n 次。如按'.'分割 1 次：

```
>>> str = ('www.i-nuc.com')
>>> str_split = str.split('.',1)
>>> print(str_split)
['www', 'i-nuc.com']
>>>
```

(3) 按某个字符(或字符串)分割，且分割 n 次，并将分割完成的字符串(或字符)赋给新的 n+1 个变量。

如按'.'分割字符，且分割 1 次，并将分割后的字符串赋给两个变量 str1 和 str2：

```
>>> url = ('www.i-nuc.com')
>>> str1, str2 = url.split('.', 1)
>>> print(str1,str2)
www i-nuc.com
>>> print(str1)
www
>>> print(str2)
i-nuc.com
>>>
```

【例 2-7】提取下面字符串中的 50,0,51：

```
>>> str="xxxxxxxxxxx5 [50,0,51]>,xxxxxxxxxx"
>>> lst = str.split("[")[1].split("]")[0].split(",")
>>> print(lst)
['50', '0', '51']
>>>
```

分解如下：

```
>>> list =str.split("[")    #按照左边分割
>>> print(list)
['xxxxxxxxxxx5 ', '50,0,51]>,xxxxxxxxxx']
>>> str.split("[")[1].split("]")    #再对list的index=1的元素按"]"分割
['50,0,51', '>,xxxxxxxxxx']
>>> str.split("[")[1].split("]")[0]    #提取分割后的第一个元素，即index=0
'50,0,51'
>>> str.split("[")[1].split("]")[0].split(",")    #对提取后的按","分割
['50', '0', '51']
>>>
```

2.2.13 divmod()

divmod()：返回的商和余数是一个tuple。

格式：divmod(被除数, 除数)

返回值：(商，余数)

例如：

```
>>> t = divmod(7,3)
>>> t
(2, 1)
>>>
```

或者：

```
>>> quot,rem = divmod(7,3)
>>> print(quot,rem)
2 1
>>>
```

2.2.14 join()

使用join()函数，可以把一个list或者tuple中所有的元素按照定义的分隔符(sep)连接起来，但限于元素是字符型。

语法：'sep'.join(seq)

例如：

```
>>> a = ['a','b','c']
>>> sep = '|'
>>> x="|".join(a)
>>> x
'a|b|c'
>>>

>>> s=('1','2','3')
>>> "|".join(s)
'1|2|3'
>>> c=[1,2,3]
>>> '|'.join(c)
Traceback (most recent call last):
  File "<pyshell#50>", line 1, in <module>
    '|'.join(c)
TypeError: sequence item 0: expected str instance, int found
>>> c=['1','2','3']
>>> '|'.join(c)
'1|2|3'
>>>
```

本 章 小 结

本章知识点较多，重点是 list、tuple、dict、set。

(1) 测试变量类型：

```
type(变量)
```

(2) 转换变量类型：

```
str(变量)    #将变量转换为 str
int(变量)    #将变量转换为 int
```

(3) 查询相关命令的属性和方法 dir()：

```
>>> dir(list)
['__add__', '__class__', '__contains__', '__delattr__', '__delitem__',
'__dir__', '__doc__', '__eq__', '__format__', '__ge__',
'__getattribute__', '__getitem__', '__gt__', '__hash__', '__iadd__',
'__imul__', '__init__', '__iter__', '__le__', '__len__', '__lt__',
```

```
'__mul__', '__ne__', '__new__', '__reduce__', '__reduce_ex__',
'__repr__', '__reversed__', '__rmul__', '__setattr__', '__setitem__',
'__sizeof__', '__str__', '__subclasshook__', 'append', 'clear', 'copy',
'count', 'extend', 'index', 'insert', 'pop', 'remove', 'reverse', 'sort']
>>>
```

从上面的列表中可以看出，list 删除有两个属性 pop 和 remove(pop 默认删除最后一个元素，remove 删除首次出现的指定元素)。

(4) 查询已安装的模块：

```
help('modules')
```

对于初学者而言，也许 dir()和 help()这两个函数是最有用的，使用 dir()可以查看指定模块中包含的所有成员或者指定对象类型支持的操作，而 help()函数则返回指定模块或函数的说明文档。例如：list 和 tuple 是否都有 pop 和 sort 方法呢？那用 help 查一下，就很清楚了，并且列出了具体的用法：

```
>>> help(list)
Help on class list in module builtins:
 | ...
 | append(...)
 |   L.append(object)-> None -- append object to end
 | pop(...)
 |   L.pop([index])->item--remove and return item at index (default last).
 |     Raises IndexError if list is empty or index is out of range.
 | sort(...)
 |   L.sort(key=None, reverse=False) -> None -- stable sort *IN PLACE*
...
>>> help(tuple)
Help on class tuple in module builtins:
...
 | count(...)
 |   T.count(value) -> integer -- return number of occurrences of value
 |
 | index(...)
 |   T.index(value, [start, [stop]])->integer--return first index of
value.
 |     Raises ValueError if the value is not present.
>>>
```

(5) 查询两个变量的存储地址是否一致，使用 id()即可。

(6) 查询字符的 ASCII 码(十进制的)：

```
>>> ord('a')
```

```
97
>>>
```

反过来，有了十进制的整数，如何找出对应的字符？

```
>>> chr(97)
'a'
>>>
```

(7) 查找字符串的长度：

```
len()
```

(8) str 通过索引能找出对应的元素，反过来，能否通过元素找出索引？

```
>>>s='python good'
>>>s[1]
'y'
>>>s.index('y')
1
>>>
```

(9) tuple、list、string 的相同点。

每一个元素都可以通过索引来读取，都可以用 len 测长度，都可以使用加法"+"和数乘"*"。数乘表示将 tuple、list、string 重复数倍。

list 的.append、.insert、.pop、.del 和 list[n]赋值等方法属性均不能用于 tuple 和 str。

(10) str.split()是将字符型转化成 list，如下例：

```
>>> s='I love python, and\nyou\t?hehe'
>>> print(s)
I love python, and
you ?hehe
>>> s.split(",")      #英文","
['I love python, and\nyou\t?hehe']
>>> s.split("，")      #中文"，"
['I love python', 'and\nyou\t?hehe']
>>>
```

当分隔符不在字符串中时，会整体转化成一个 list。例如：

```
>>> s.split()
['I', 'love', 'python,and', 'you', '?hehe']
>>>
```

当分隔符省略时，会按所有的分隔符号分割，包括\n(换行)和\t(tab 缩进)等。

(11) Split 的逆运算：join。例如：

```
'sep'.join(list)
```

(12) 列表和元组之间是可以相互转化的：list(tuple)、tuple(list)。

元组的操作速度比列表快；列表可以改变，元组不可变，可以将列表转化为元组"写保护"；字典的 key 也要求不可变，所以元组可以作为字典的 key，但元素不能有重复。

(13) 字符串检测开头和结尾：string.endswith('str')、string.startswith('str')。

例如：

```
>>> file = 'F:\\data\\catering_dish_profit.xls'
>>> file.endswith('xls')        #判断 file 是否以 xls 结尾
True
>>>
>>> url = 'http://www.i-nuc.com'
>>> url.startswith('https')  #判断 url 是否以 https 开头
False
>>>
```

(14) S.replace(被查找词，替换词)：查找与替换。例如：

```
>>> S='I love python, do you love python?'
>>> S.replace('python','R')
'I love R, do you love R?'
>>>
```

(15) re.sub(被替词，替换词，替换域，flags=re.IGNORECASE)：查找与替换，忽略大小写。例如：

```
>>> import re           #导入正则模块
>>> S='I love Python, do you love python?'
>>> re.sub('python','R',S)      #在 S 中用 R 替换 python
'I love Python, do you love R?'
>>> re.sub('python','R',S, flags=re.IGNORECASE) #替换时忽略大小写
'I love R, do you love R?'
>>> re.sub('python','R',S[0:15], flags=re.IGNORECASE)
'I love R, '
>>>
```

(16) Python 命名规范。

① 包名、模块名、局部变量名、函数名：全小写+下划线式驼峰。

如：this_is_var。

② 全局变量：全大写+下划线式驼峰。

如：GLOBAL_VAR。

③ 类名：首字母大写式驼峰。

如：ClassName()。

④ 关于下划线。

以单下划线开头，是弱内部使用标识，from M import *时，将不会导入该对象。

以双下划线开头的变量名，主要用于类内部标识类私有，不能直接访问。

双下划线开头且双下划线结尾的命名方法尽量不要用，这是标识。

练　　习

(1) 已知：a = 2, b = 3，要求：将 a 和 b 的值调换，并打印结果。

(2) 已知：a = 250, b = '250'，要求：阐述 a 和 b 所引用的对象的区别。

(3) 计算：100 除以 3 得到的商、余数分别是多少？如果保留 3 为小数，则结果将是多少？

(4) 请解释如下现象：

```
>>> round(2.675, 2)
2.67
>>>
```

(5) 精确计算：2 除以 6。要求：结果以分数形式(1/3)输出。

(6) 要求：在 print()里面将"明月几时有"和"把酒问青天"两句分两行输入，但输出结果时在一行。

(7) 编写程序，要求输入姓名和年龄，并且将年龄加 10 之后，与姓名一起输出。

(8) 将字符串"map"的字符顺序倒转为"pam"。

(9) 让用户输入一个单词，并显示这个单词的长度。

(10) 已知字符串："Python is a widely used high-level, general-purpose, interpreted, dynamic programming language." 要求：将字符串中每个单词的第一个字母都变成大写字母，最终样式如下：

```
'Python Is A Widely Used High-level, General-purpose, Interpreted,
Dynamic Programming Language.'
```

(11) 已知列表：["python", "java", "c", "c++", "lisp"]。要求：用切片方式将此列表中的第 1、3、5 项取出来。

(12) 生成一个由 100 以内能够被 5 整除的数组成的列表，然后将该列表的数字从大到小排序。

(13) 已知两个列表：citys = ["suzhou", "shanghai", "hangzhou", "nanjing"]，codes = ["0512", "021", "0571", "025"]。要求：创建一个字典，以 citys 中的元素为 key，以 codes 中的元素为 value。

(14) 已知：列表 lst1=[1,2,3,4,5,6]，lst2=["a","b","c","d"]。要求：以 lst1 的元素为 key，以 lst2 的元素为 value 建立一个字典，并打印输出。

第 3 章

流程控制及函数与类

从本章开始，不再一行一行地执行代码，而是将整段代码写完后再执行。本章暂时还使用形态便捷的 Python 3.5。

从开始菜单里打开 Python 的 IDLE，在弹出的 Shell 窗口中选择 File → New File 菜单命令，即弹出一个空白的文本框窗口，如图 3-1 所示。

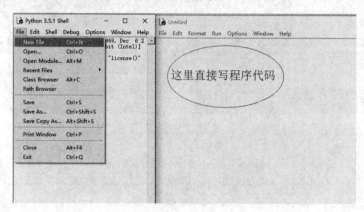

图 3-1 在 IDLE 中新建文件

利用第 2 章中的例 2-5 字典案例，一次性地把代码写完，并保存在指定的目录下，命名为 test1.py，后缀默认是.py。然后选择菜单栏中的 Run → Run Module 命令即可，或者直接按下快捷键 F5，即会弹出运行结果窗口。具体情况如图 3-2 所示。

图 3-2 IDLE 新建文件界面及程序运行结果

当写多行测试代码时，会经常需要注释掉大段代码，这时候不再是每行添加#，而是在注释的代码段第一行前添加一个空行，写上三个单引号(''')或者三个双引号；再在段尾添加一行，也写上三个单引号或者三个双引号，也就是将要注释的代码段放在两个三引号之间。当然，也可以将要注释的代码段选中，按下 F3 键即可；当要取消注释时，只须选中要取消注释的代码段，按下 F4 键即可。

> 注意：在 Python 中，可以在各种编码间相互转换，有时因为编码的问题，会出现乱码。如果在 ".py" 文件中使用了中文，则需要在文件的第一行使用如下语句指定字符编码集：# _*_ coding:UTF-8 _*_。

关于代码操作快捷键，应牢记如下操作规则。

(1) 当有多行代码需要整体缩进时，选中代码，缩进用 Ctrl+]，取消缩进用 Ctrl+[。

(2) 注释多行代码除了使用三引号"包起来"的办法，还可以选中要注释的多行代码，按下 Alt+3，取消注释则按下 Alt+4。

常用的快捷键见表 3-1。

表 3-1 常用的快捷键

快 捷 键	功能说明
Alt+P	浏览上一条命令
Alt+N	浏览下一条命令
Ctrl+F6	重启 Shell
Alt+/	自动补全曾出现过的命令单词
Ctrl+]	缩进代码块
Ctrl+[	取消代码块缩进
Alt+3	注释代码块
Alt+4	取消代码块注释

当 Python 的 IDLE 中代码字体偏小时，可以在菜单栏中选择 Options → Configure IDLE 命令，在弹出的设置对话框中设置字体和大小，如图 3-3 所示。

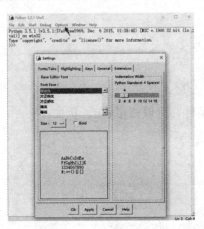

图 3-3 IDLE 界面参数设置

3.1 流程控制

3.1.1 if-else

if-else 分支语句结构的特点是当条件 condition 满足时,执行 if 下的语句块,当条件 condition 不满足时,执行 else 下的语句块。if-else 的语法结构如下:

```
if conditon:
    statement1
else:
    statement2
```

if-else 需要注意的格式问题:
- 在 if 和 else 行尾均要加冒号":"。
- if 和 else 下的每条语句都要用缩进,即显示逻辑层次关系,缩进 4 个空格或者一个 Tab 键,Tab 键和空格不能混用,以免程序出错。
- 每个语句各占一行。

if-else 条件语句具有多种结构形式。

(1) 只有一个条件和单一的可能性操作时,如果满足条件就执行第二行。例如:

```
i=3
if i>1:
    print('you are right!')
```

(2) 当根据单一条件有两种不同操作时,可以使用 else,当条件满足时执行 if 下的语句块,条件不满足时执行 else 下的语句块,else 要与 if 对齐。例如:

```
i=3    #or i=0
if i>1:
    print('i 大于 1!')
else:
    print('i 不大于 1.')
```

(3) 如果还有更多的条件,可以使用 elif。例如:

```
if i>1:
    print('i 大于 1!')
elif i==1:
    print('i 等于 1!')
else:
    print('i 小于 1,或者说 i 不大于 1!')
```

3.1.2 for 循环

使用 for var in field:，可以枚举 field 中的所有元素 var，并进行循环处理。

(1) for 循环语句常用于遍历列表，基本句型如下：

```
>>> for i in [2,3,4]:
        print(i,end=',')

2,3,4,
>>>
```

上面的代码意思是将列表[2,3,4]中的每一个元素输出。在 print 语句中加上 end=',' 表示将结果显示在一行中，用逗号(,)分隔开。

(2) for 循环可以帮助处理字符串。假如想分别输出字符串中的每一个字母，则：

```
>>> for i in 'abc':
        print(i)

a
b
c
>>>
```

(3) for 经常和 range 内置函数配合在一起使用。例如：

```
>>> for i in range(3):
        print(i)

0
1
2
>>>
```

(4) for 循环可以用来生成列表。如用 range(3)来生成列表[0,1,2]，然后使用循环来计算 x 的平方，放入列表中：

```
>>> [x**2 for x in range(3)]
[0, 1, 4]
>>>
```

(5) for 与 if 同用，表示按条件来生成列表。如生成 100 以内偶数平方构成的列表：

```
>>> [x**2 for x in range(10) if x%2==0]
[0, 4, 16, 36, 64]
```

```
>>>
```

3.1.3 while 循环

while 语句用于循环执行程序,即在某个条件下循环执行某段程序,以处理需要重复处理的相同任务,直到不满足循环条件时终止。

其基本形式如下:

```
while <判断条件>:
    <执行语句>
```

执行语句可以是单个语句或语句块。判断条件可以是任何表达式,任何非零或非空(null)的值均为 True。当判断条件为假 False 时,循环结束。

【例 3-1】在 Python 的 IDLE 编辑器中写入以下代码:

```
i=0
while i<5:
    print('This is '+str(i))      #将 i 转化为字符型才能用 "+" 连接输出
    i+=1                          #相当于 i=i+1
```

将以上代码保存,并按 F5 键运行,输出结果如下:

```
This is 0
This is 1
This is 2
This is 3
This is 4
This is 5
>>>
```

与 while 语句相关的还有另外两个重要的命令,即 continue 和 break,用来跳过循环。continue 用于跳过该次循环继续执行下一个循环,而 break 则是完全退出 while 循环。此外,"判断条件"还可以是个常数值,表示循环必定成立。

3.1.4 continue 和 break

在循环执行过程中,如果遇到 continue,则跳过这一次执行,继续进行下一次的循环操作。如共有 10 次循环,运行到第 8 次时遇到了 continue,那么第 8 次循环马上中止,后面的代码不再执行,继续开始第 9 次循环。

在循环执行过程中,只要遇到 break,就停止循环,跳出整个 while 循环。

【例 3-2】在 Python 的 IDLE 编辑器中写入以下代码:

```
# continue 和 break 的用法
# 1. 将小于 10 的偶数输出
i = 1
while i < 10:
    i += 1
    if i%2 > 0:    # 非偶数时跳过输出
        continue
    print(i)       # 输出偶数 2、4、6、8、10

# 2. 输出小于等于 10 的正整数
j = 1
while 1:           # 循环条件为 1 必定成立
    print(j)       # 输出 1~10
    j += 1
    if j > 10:     # 当 j 大于 10 时跳出循环
        break
```

输出结果如下：

```
2
4
6
8
10
1
2
3
4
5
6
7
8
9
10
>>>
```

在使用 continue 编写循环语句时，要避免误入死循环，如：

```
>>> i=1
>>> while i<10:
        if i%2 == 0:
            continue
        print(i)
        i+=1
```

本例欲输出小于 10 的奇数，但进入了死循环。因为当 i=2 时被整除，于是进入 continue，后面的 print(i)和 i+=1 都不再执行，但此时的 i 依然是等于 2，所以继续进入 i=2，如此循环往复，只有强行终止才能退出。

对上面的代码稍做修改即可正常运行了：

```
>>> i=1
>>> while i<10:
    if i%2 == 0:
        i+=1
        continue
    print(i)
    i+=1

1
3
5
7
9
>>>
```

3.2 遍 历

如果给定一个 list 或 tuple，我们可以通过 for 循环来输出 list 或 tuple 中的每一个元素，这个过程称为遍历。这种遍历也称为迭代(Iteration)。在 Python 中，迭代是通过 for in 来完成的。

3.2.1 range()函数

可以用 range()函数生成一个列表：

```
>>> for i in range(5):
        print(i,end=',')

0,1,2,3,4,
>>>
```

range(5)中的参数 5 代表从 0 到 4 的一个长度为 5 的序列。Python 中的索引序列一般都是左闭右开的，即不包含右边的数据。此遍历也可以改写成一句：

```
>>> print([i for i in range(5)])
[0, 1, 2, 3, 4]
```

```
>>>
```

当然,可以自定义需要的起始点和结束点:

```
>>> list(range(1,5))  #代表从1到5,不包含5
[1, 2, 3, 4]
>>>
```

说明: 在以前的版本中,range()函数直接返回一个列表,但在 3.5 版本中,range() 作为一个容器存在。当需要将它作为列表时,只要用 list 转化一下即可;如果需要将它作为元组,只要用 tuple 转化一下即可。例如:

```
>>> a=range(5)
>>> list(a)
[0, 1, 2, 3, 4]
>>> tuple(a)
(0, 1, 2, 3, 4)
>>>
```

定义一个从 5 开始到 100 结束的列表:

```
>>> listB =[i for i in range(5,100)]
>>> print(listB)
[5, 6, 7, 8, 9, 10, 11, 12, 13, 14, 15, 16, 17, 18, 19, 20, 21, 22, 23,
24, 25, 26, 27, 28, 29, 30, 31, 32, 33, 34, 35, 36, 37, 38, 39, 40, 41,
42, 43, 44, 45, 46, 47, 48, 49, 50, 51, 52, 53, 54, 55, 56, 57, 58, 59,
60, 61, 62, 63, 64, 65, 66, 67, 68, 69, 70, 71, 72, 73, 74, 75, 76, 77,
78, 79, 80, 81, 82, 83, 84, 85, 86, 87, 88, 89, 90, 91, 92, 93, 94, 95,
96, 97, 98, 99]
>>>
```

range()函数还可以定义步长,下面定义一个从 1 开始到 30 结束,步长为 3 的列表:

```
>>> print('range(1,30,3)表示: ',list(range(1,30,3)))
range(1,30,3)表示:  [1, 4, 7, 10, 13, 16, 19, 22, 25, 28]
>>> listC =[i for i in range(1,30,3)]
>>> print(listC)
[1, 4, 7, 10, 13, 16, 19, 22, 25, 28]
```

range()函数也可以倒序,格式为 range(a,b,-1),a 要大于 b。例如:

```
>>>list(range(5, 0, -1))
[5, 4, 3, 2, 1]
>>>list(range(5, 0, -2))   #步长为-2
 [5, 3, 1]
>>>
```

【例3-3】 对 array 进行排序,在 Python 的 IDLE 中输入下面的代码:

```python
array = [1, 2, 5, 3, 6, 7, 4]
for i in range(len(array) - 1, 0, -1):
    print(i)
    for j in range(0, i):
        print(j ,end=',')
        if array[j] > array[j + 1]:
            array[j], array[j + 1] = array[j + 1], array[j]
print(array)
```

分析这段代码:

行 1:array = [1, 2, 5, 3, 6, 7, 4],是一个乱序的 list。

行 2:for i in range(len(array) - 1, 0, -1):,替换后就成为 range(6,0,-1),意思是从 6 到 0,步长为-1,随后把这些值循环赋给 i,i 的值将会是 6、5、4、3、2、1。

行 4:for j in range(0, i),这是一个循环赋值给 j 的语句,j 的值将会是[0, 1, 2, 3, 4, 5][0, 1, 2, 3, 4][0, 1, 2, 3][0, 1, 2][0, 1]。

那么上边两个循环嵌套起来将会是:

```
i=6
j: 0,1,2,3,4,5
i=5
j: 0,1,2,3,4
i=4
j: 0,1,2,3
i=3
j: 0,1,2
i=2
j: 0,1
```

行 6:if array[j] > array[j + 1],判断 array 的前后两个元素大小。

行 7:array[j], array[j + 1] = array[j + 1], array[j],替换赋值。

本例执行的结果如下:

```
6
0,1,2,3,4,5,5
0,1,2,3,4,4
0,1,2,3,3
0,1,2,2
0,1,1
0,[1, 2, 3, 4, 5, 6, 7]
```

其实,使用 sort()函数就能完成以上排序问题:

```
>>> array = [1, 2, 5, 3, 6, 7, 4]
>>> array.sort()
>>> array
[1, 2, 3, 4, 5, 6, 7]
>>>
```

【例 3-4】求 100 到 1000 的水仙花数。若 i=a^3+b^3+c^3，则称 i 为水仙花数。

```
>>> for i in range(100,1000):
        ge = i % 10
        shi= i //10 %10
        bai= i // 100
        if ge**3+shi**3+bai**3 == i:
            print(i)

153
370
371
407
>>>
```

3.2.2 列表与元组的遍历

如果需要遍历一个数字序列，可以使用 Python 中内建的函数 range()。

例如，下面遍历一个列表 test_list：

```
>>> test_list =[1,3,4,'Hongten',3,6,23,'hello',2]
>>> for i in range(len(test_list)):
        print(test_list[i],end=',')

1,3,4,Hongten,3,6,23,hello,2,
>>>
```

元组的遍历：

```
>>> tup=('abd','123')
>>> for i in range(len(tup)):
        print(tup[i])

abd
123
>>>
```

二元元组的遍历：

```
for i in range(len(user)):
    for j in range(len(user)):
        print('user['+str(i)+']['+str(j)+']=',user[i][j])
```

再如：

```
user=((1,2),(3,4))
for i in range(len(user)):
    for j in range(len(user)):
        print('user['+str(i)+']['+str(j)+']=',user[i][j])
```

输出：

```
user[0][0]= 1
user[0][1]= 2
user[1][0]= 3
user[1][1]= 4
```

多维元组需要稍微改动：

```
for i in range(len(user)):
    for j in range(len(user[i])):
        print('user['+str(i)+']['+str(j)+']=',user[i][j])
```

例如：

```
user=((1,2,3,4),(3,4,5,6),(5,6))
for i in range(len(user)):
    for j in range(len(user[i])):
        print('user['+str(i)+']['+str(j)+']=',user[i][j])
```

输出：

```
user[0][0]= 1
user[0][1]= 2
user[0][2]= 3
user[0][3]= 4
user[1][0]= 3
user[1][1]= 4
user[1][2]= 5
user[1][3]= 6
user[2][0]= 5
user[2][1]= 6
```

3.3 函　　数

3.3.1 函数的定义

在 Python 中，函数定义的基本形式如下：

```
def function(params):
    block
    return expression/value
```

说明如下。

(1) 在 Python 中采用 def 关键字进行函数的定义，不用指定返回值的类型，另外注意 def 行尾的冒号"："不能丢；函数的命名一般首字母不要大写，以区别后面讲到的类。

(2) 函数参数 params 可以是零个、一个或者多个，同样，函数参数也不用指定参数类型，因为在 Python 中，变量都是弱类型，Python 会自动根据值来维护其类型。

(3) return 语句是可选的，它可以在函数体内的任何地方出现，表示函数调用执行到此结束；如果没有 return 语句，会自动返回 NONE，如果有 return 语句，但 return 后面没有接表达式或者值，则也返回 NONE。返回的值就是输出的功能，return 可以返回多个值，如 return a,b,c，以逗号分隔，相当于返回一个 tuple(定值表)，相当于 return (a,b,c)。

应注意，函数体内部的语句在执行时，一旦执行到 return 时，函数就执行完毕，并将结果返回。

因此，函数内部通过条件判断和循环可以实现非常复杂的逻辑。如果没有 return 语句，函数执行完毕后也会返回结果，只是结果为 None。return None 可以简写为 return。

(4) 一般在 block 中还包含有一个注释体——函数文档，功能是解释这个函数的功用，用两个三引号包围起来，放在 block 的最前面，也是为了方便能够用 help 函数查询。

【例 3-5】在 Python 的 IDLE 中输入以下代码：

```
def printHello():
    print('Hello')

def readNum():
    for i in range(0,5):
        print(i)
    return

def add(a,b):
    return a+b

print(printHello())
print(readNum())
```

```
print(add(1,2))
```

输出结果如下:

```
>>>
Hello
None

0
1
2
3
4
None

3
>>>
```

3.3.2 函数的使用

在 Python 中,函数的使用有严格的规定,函数不允许前向引用,即函数应当定义在前,使用在后。

例如:

```
print(add(1,2))
def add(a,b):
    return a+b
```

程序的执行结果如下:

```
>>>
Traceback (most recent call last):
  File "C:/Users/yubg/AppData/Local/Programs/Python/Python35-32/test5.py", line 1, in <module>
    print(add(1,2))
NameError: name 'add' is not defined
>>>
```

从报错中可以看出,命名为 add 的函数未进行定义。所以在调用某个函数时,必须确保此函数定义在调用之前,即先定义函数,然后再调用。上述程序可修改如下:

```
def add(a,b):
    return a+b
print(add(1,2))
```

运行结果如下:

```
>>>
3
>>>
```

3.3.3 形参和实参

形参全称是形式参数,在用 def 定义函数时,函数名后面括号里的变量称作形式参数。在调用函数时提供的值或者变量称作实际参数,实际参数简称为实参。

【例3-6】形参和实参:

```
#这里的 a 和 b 就是形参
def add(a,b):
    return a+b

#这里的 1 和 2 是实参
add(1,2)

#这里的 x 和 y 是实参
x=2
y=3
add(x,y)
```

3.3.4 参数的传递和改变

在大多数高级语言中,对参数传递方式的理解一直是个难点和重点,因为它理解起来并不是那么直观明了。下面我们来探讨一下 Python 中函数的参数传递问题。

在讨论此问题之前,需要明确的是,在 Python 中,一切皆对象,包括我们先前用到的字符串常量、整型常量等都是对象,变量中存放的是对象的引用。验证如下:

```
>>>print(id(5))
1482897232
>>>print(id('python'))
13845280
>>>x=2
>>>print(id(x))
1482897184
>>>y='hello'
>>>print(id(y))
57256960
```

```
>>>
```

先解释一下函数 id()的作用。id(object)返回对象 object 在其生命周期内位于内存中的地址，id 函数的参数类型是一个对象，因此，由于语句 id(5)没有报错，就可以知道 5 在这里是一个对象。又如：

```
x=2
print(id(2))
print(id(x))
y='hello'
print(id('hello'))
print(id(y))
```

其运行结果如下：

```
>>>
1683699488
1683699488
58192800
58192800
>>>
```

从结果可以看出，id(x)和id(2)的值是一样的，id(y)和id('hello')的值也是一样的。

在 Python 中，一切皆对象。像 2、'hello'这样的值都是对象，只不过 2 是一个整型对象，而'hello'是一个字符串对象。上面的 x=2，在 Python 中实际的处理过程是这样的：先申请一段内存分配给一个整型对象来存储整型值 2，然后让变量 x 去指向这个对象，实际上就是指向这段内存。而 id(2)和 id(x)的结果一样，说明 id 函数在作用于变量时，其返回的是变量指向的对象的地址。因为变量也是对象，所以在这里可以将 x 看成是对象 2 的一个引用。

下面再看个例子：

```
x=2
print(id(x))
y=2
print(id(y))
s='hello'
print(id(s))
t=s
print(id(t))
```

其运行结果如下：

```
>>>
```

```
1683699488
1683699488
58586016
58586016
>>>
```

从运行结果可以看到，id(x)和 id(y)的结果是相同的，id(s)和 id(t)的结果也是相同的。这说明 x 和 y 指向的是同一对象，而 t 和 s 也是指向同一对象。x=2 这句让变量 x 指向了 int 类型的对象 2，而 y=2 这句执行时，并不重新为 2 分配空间，而是让 y 直接指向了已经存在的 int 类型的对象 2。这个很好理解，因为本身只是想给 y 赋一个值 2，而在内存中已经存在了这样一个 int 类型的对象 2，所以就直接让 y 指向了已经存在的对象。这样一来，不仅能达到目的，还能节约内存空间。t=s 这句变量互相赋值，也相当于是让 t 指向了已经存在的字符串类型的对象'hello'。

下面就来讨论一下函数的参数传递和改变这个问题。

在 Python 中，参数传递采用的是值传递。先看个例子：

```
def modify1(m,K):
    m=2
    K=[4,5,6]
    return

def modify2(m,K):
    m=2
    K[0]=0
    return

n=100
L=[1,2,3]
modify1(n,L)
print(n)
print(L)
modify2(n,L)
print(n)
print(L)
```

程序运行结果如下：

```
>>>
100
[1, 2, 3]
100
[0, 2, 3]
```

```
>>>
```

从结果可以看出，执行 modify1()之后，n 和 L 都没有发生任何改变；执行 modify2()后，n 还是没有改变，但 L 发生了改变。因为在 Python 中，参数传递采用的是值传递方式，在执行函数 modify1 时，先获取 n 和 L 的 id()值，然后为形参 m 和 K 分配空间，让 m 和 K 分别指向对象 100 和对象[1,2,3]。m=2 这句让 m 重新指向对象 2，而 K=[4,5,6]这句让 K 重新指向对象[4,5,6]。这种改变并不会影响到实参 n 和 L，所以在执行 modify1 之后，n 和 L 没有发生任何改变。在执行函数 modify2 时，同理，让 m 和 K 分别指向对象 2 和对象[1,2,3]，然而 K[0]=0 让 K[0]重新指向了对象 0(注意这里 K 和 L 指向的是同一段内存)，所以对 K 指向的内存数据进行的任何改变也会影响到 L，因此在执行 modify2 后，L 发生了改变。

3.3.5 变量的作用域

在 Python 中，也存在作用域的问题，会为每个层次生成一个符号表，里层能调用外层中的变量，而外层不能调用里层中的变量，并且当外层和里层有同名变量时，外层变量会被里层变量屏蔽掉。

【例 3-7】不同作用域中的变量：

```
def function():
    x=2
    count=2
    while count>0:
        x=3
        print(x)
        count -= 1

function()
```

运行结果如下：

```
3
3
>>>
```

在函数 function 中，while 循环的外部和内部都有变量 x，此时 while 循环外部的变量 x 会被屏蔽掉。注意在函数内部定义的变量作用域都仅限于函数内部，在函数外部是不能够调用的，一般称这种变量为局部变量。

还有一种变量叫作全局变量，它是在函数外部定义的，作用域是整个程序。全局变量可以直接在函数内部应用，但是，如果要在函数内部改变全局变量，必须使用 global 关键字进行声明。

【例3-8】全局变量：

```
x=2
def fun1():
    print(x)

def fun2():
    global x        # global 语句用于声明一个或多个全局变量
    x=3
    print(x)

fun1()
fun2()
print(x)
```

运行结果如下：

```
2
3
3
>>>
```

函数 def 定义的变量只能在 def 的内部使用，不能在函数外部使用。一个在 def 之外被赋值的变量 X 与一个在 def 内部被赋值的变量 X 是完全不同的两个变量。Python 变量可以分为本地(def 内部，除非用 global 声明)、全局(模块内部)和内置(预定义的__builtin__模块)。全局声明 global 会将变量名映射到模块文件内部的作用域。变量名的引用将依次查找本地、全局、内置变量。例如：

```
X = 99
def add(Y):
    Z = X + Y
    return Z

print(add(1))
```

结果如下：

```
100
>>>
```

global 语句用于声明一个或多个全局变量。例如：

```
X = 88
def func():
```

```
    global X
    X = 99

func()
print(X)
```

输出结果如下:

```
99
>>>
```

再例如:

```
y,z = 1,2

def func():
    global x
    x = y + z

func()
print(x,y,z)
```

结果如下:

```
>>> 3 1 2
>>>
```

3.3.6 函数参数的类型

先前我们接触到的函数的参数叫作位置参数,即参数是通过位置进行匹配的,从左到右依次进行,对参数的位置和个数都有严格的要求。而在 Python 中,还有一种是通过参数的名称来匹配,这种匹配方式不需要严格按照参数定义时的位置来传递,这种参数叫作关键字参数。

例如:

```
def display(a,b):
    print(a)
    print(b)

display('hello ','world')
```

这段程序是想输出 hello world,可以正常运行。如果是下面这段代码,可能就得不到预期的结果:

```
def display(a,b):
    print(a)
    print(b)

display('hello')                    #这样会报错
display('world','hello')            #这样会输出worldhello
```

可以看出，在 Python 中默认是采用位置参数来匹配，所以在调用函数时必须严格按照函数定义时参数的个数和位置来传递，否则将会出现预想不到的结果。

下面这段代码采用关键字参数传递：

```
def display(a,b):
    print(a)
    print(b)

#下面两句代码的效果是相同的
display(a='world',b='hello')
display(b='hello',a='world')
```

输出结果如下：

```
world
hello
world
hello
>>>
```

从上面的输出结果可知，通过指定参数名称传递参数时，参数位置对结果没有影响。另外，关键字参数最优越的地方在于它能够给函数参数提供默认值。例如：

```
def display(a='hello',b='world'):
    print(a+b)

display()
display(b='world')
display(a='hello')
display('world')
```

输出结果如下：

```
helloworld
helloworld
helloworld
worldworld
>>>
```

在上面的代码中，分别给 a 和 b 指定了默认参数，即如果不给 a 或 b 传递参数，它们就分别采用默认值。在给参数指定了默认值后，如果传递参数时不指定参数名，则会从左到右依次传递参数，比如 display('world')没有指定'world'是传递给 a 还是 b，则默认从左向右匹配，即传递给 a。另外，默认参数一般靠右。

使用默认参数固然方便，但在重复调用函数时，默认形参会继承前一次调用结束之后该形参的值。例如：

```
def insert(a,L=[]):
    L.append(a)
    print(L)

insert('hello')
insert('world')
```

其运行结果如下：

```
['hello']
['hello', 'world']
>>>
```

3.3.7 任意个数的参数

一般情况下，在定义函数时，函数参数的个数是确定的，然而，在某些情况下，参数的个数是不确定的。比如某系统要存储用户的姓名及其小名，有些人的小名可能有两个或者更多个，此时无法确定参数的个数，就可以使用任意多个参数(收集参数)，使用收集参数时，只需在参数前面加上"*"或者"**"即可。例如：

```
def storename(name,*nickName):
    print('real name is %s' %name)
    for nickname in nickName:
        print(nickname)

storename('jack')
storename(u'詹姆斯',u'小皇帝')
storename(u'奥尼尔',u'大鲨鱼',u'三不沾')
```

输出结果如下：

```
real name is jack
real name is 詹姆斯
小皇帝
real name is 奥尼尔
```

```
大鲨鱼
三不沾
>>>
```

"*"和"**"表示能够接受 0 到任意多个参数,"*"表示将没有匹配的值都放在同一个元组中,"**"表示将没有匹配的值都放在一个 dictionary 中。例如:

```
def printvalue(a,*s,**d):
    print(a,s,d)

printvalue(1,2,c=3)
printvalue(1,3,4,2,c=3,f="l")
```

输出结果如下:

```
1 (2,) {'c': 3}
1 (3, 4, 2) {'c': 3, 'f': 'l'}
>>>
```

需要补充一点:在 Python 中,函数是可以返回多个值的,如果返回多个值,会将多个值放在一个元组或者其他类型的集合中返回。例如:

```
def function():
    x=2
    y=[3,4]
    return x,y

print(function())
```

输出结果如下:

```
(2, [3, 4])
>>>
```

3.3.8 函数调用

把已经编辑好的程序代码保存成.py 文件,就可以直接在 Python 的 IDLE 中运行了,从菜单栏中选择 File → Open…命令打开即可,再直接按 F5 键即可运行。

Python 可以调用已保存为 a.py 文件内的所有函数,方案如下。

(1) 将 a.py 文件做成一个包,或者直接和调用文件放在同一个目录下。

(2) 在调用文件头引入:from a import *。

这样就可以使用 a.py 文件内的所有函数了。

【例3-9】在 prin.py 文件中调用 tel.py 文件。

文件 tel.py 的代码内容：

```
name=["Ben","Jone","John","Jerry","Anny","Ivy","Jan","Wong"]
tel=[6601,6602,6603,6604,6605,6606,6607,6608]

Tellbook={}
for i in range(len(name)):
    d1="{}".format(name[i])
    d2="{}".format(tel[i])
    Tellbook[d1]=d2
```

文件 prin.py 的代码内容：

```
from tel import *
print(Tellbook)
print('this is a test for import.')
```

prin.py 文件要做两件事情，先把 tel.py 文件中的 Tellbook 打印一下，再打印一句话：'this is a test for import.'。

执行文件 prin.py，其结果如下：

```
{'John': '6603', 'Ben': '6601', 'Jone': '6602', 'Ivy': '6606', 'Jerry': '6604', 'Wong': '6608', 'Jan': '6607', 'Anny': '6605'}
this is a test for import.
>>>
```

函数也一样，当我们调用函数时，也需要使用 **import** 来导入。

【例3-10】函数的导入和调用。addyu.py 文件的内容如下：

```
#addyu.py
def add(a=0,b=0):
    '''
    此函数是计算两个数的和
    当不输入参数时,默认的是 0+0
    '''
    c=a+b
    print(c)
def test(m,K=0,*tup,**dic):
    print('m:',m)
    print('K:',K)
    print('tup:',tup)
    print('dic:',dic)
    return
```

在下面的 test_addyu.py 文件中调用 addyu.py 内的 add(a,b)函数：

```
#test_addyu.py
from addyu import add
a=add(1,2)
```

这里的 from addyu import add 的意思是从 addyu.py 文件中导入 add(a,b)函数。当然，如果要导入 addyu.py 文件中所有的函数，那就是 from addyu import *，为了避免导入所有的函数占内存，所以一般用到什么函数就导入什么函数。只有当导入的函数比较多时，才使用*。另外，为了防止导入的多个模块中有相同的函数名而引起混乱，不建议使用*。

执行 test_addyu.py，结果如下：

```
3
>>>
```

> **说明：** 写函数时要养成好的习惯——写函数文档，即写清楚函数的功能是什么、怎么用，并把文档内容用三引号注释起来，它不是函数体的执行代码，它的作用是给 help 提供查询的，如查上例中 addyu.py 文件的功能：

```
>>> help(add)
Help on function addyu in module addyu:

add(a=0, b=0)
    此函数是计算两个数的和
    当不输入参数时,默认的是 0+0
>>>
```

还是上例，按如下输入，并观察结果：

```
>>> from addyu import test
>>> test('a1')
m: a1
K: 0
tup: ()
dic: {}
>>>

>>> test(1,3)
m: 1
K: 3
tup: ()
dic: {}
>>>
```

```
>>> test('a1',K=2)
m: a1
K: 2
tup: ()
dic: {}
>>>

>>> test('a1',2,3,6,fname='yu',name='bg')
m: a1
K: 2
tup: (3, 6)
dic: {'fname': 'yu', 'name': 'bg'}
>>>

>>> test('a1',K=2,3,6,fname='yu',name='bg')
SyntaxError: positional argument follows keyword argument
>>> test('a1',K=2,fname='yu',name='bg')
m: a1
K: 2
tup: ()
dic: {'fname': 'yu', 'name': 'bg'}
>>> test(K=2,fname='yu',name='bg')
Traceback (most recent call last):
  File "<pyshell#14>", line 1, in <module>
    test(K=2,fname='yu',name='bg')
TypeError: test() missing 1 required positional argument: 'm'
>>>
```

请比较一下出错的原因。

关于函数名的一个补充：函数名其实就是指向一个函数对象的引用，完全可以把函数名赋给一个变量，相当于给这个函数起了一个"别名"。例如：

```
>>> a = int        #变量a指向int函数
>>> a('2')         #可以通过a调用int函数
2
>>>
```

3.4 函数式编程

3.4.1 lambda

lambda 是匿名函数，也叫行内函数。

具体用法如下：

```
f = lambda x : x+2       #定义了一个函数 f(x)=x+2
g = lambda x,y : x+y     #定义了一个函数 f(x,y)=x+y
```

lambda 只是一个表达式，函数体比 def 简单很多。lambda 表达式运行起来像一个函数。关于 lambda 函数的用途有两点说明。

(1) 对于单行函数，使用 lambda 可以省去定义函数的过程，让代码更加精简。

(2) 在非多次调用函数的情况下，lambda 表达式即用即得，可以提高性能。

💡 **注意**： 如果是 for...in...if(后面将会讲到)能做的，最好不要选择 lambda。

使用 lambda 匿名函数的例子如下：

```
>>> f = lambda x,y,z:x+y+z
>>> f(1,2,3)
6
>>>
```

3.4.2 reduce()

使用 reduce(func(), Z)，可以把一个函数作用在一个序列上累计计算。其效果如下：

```
reduce(f, [x1, x2, x3, x4]) = f(f(f(x1, x2), x3), x4)
```

Python 中的 reduce 内建函数 func()是一个二元操作函数，它将一个数据集合 Z(可以是列表或元组等)中的所有数据进行下列操作：用函数 func()对集合 Z 中的第 1、第 2 个数据进行运算，将得到的结果再与 Z 中的第三个数据运算，以此循环。

例如：

```
from functools import reduce
def add(x,y):
    return x+y

sum=reduce(add,(1,2,3,4,5,6,7))
print(sum)
```

执行上面的程序，输出 1+2+3+4+5+6+7 的结果即 28。reduce 就是将 add(x,y)函数作用在(1,2,3,4,5,6,7)上，即：1 赋给 x，2 赋给 y，再将计算结果(1+2)赋给 x，3 赋给 y；再次将计算结果((1+2)+3)赋给 x，4 赋给 y，依此类推。

当然，也可以用 lambda 的方法，更为简单：

```
>>> from functools import reduce
>>> sum=reduce(lambda x,y:x+y,(1,2,3,4,5,6,7))
```

```
>>> print(sum)
28
>>>
```

reduce 在 Python 2.x 中可以直接用,但在 Python 3.0 以后,已经不在 built-in function 中,要使用它就必须先导入:from functools import reduce。

3.4.3 filter()

filter()用于过滤序列。filter()接收一个函数和一个序列,并把传入的函数依次作用于每个元素,然后根据返回值 True 或者 False,决定保留还是丢弃该元素。

例如,在一个 list 中,删掉偶数,只保留奇数,代码如下:

```
>>> def is_odd(n):
        return n % 2 == 1
>>> list(filter(is_odd, [1, 2, 4, 5, 6, 9, 10, 15]))
[1, 5, 9, 15]
>>>
```

再如把一个序列中的空字符串删掉,代码如下:

```
>>> def not_empty(s):
        return s and s.strip()
>>> list(filter(not_empty, ['A', '', 'B', None, 'C', '  ']))
['A', 'B', 'C']
>>>
```

可见,用 filter()这个高阶函数时,关键在于正确地实现一个"筛选"函数。

filter()函数还可以实现行函数功能。例如:

```
>>> b=[i for i in range(1,10) if i>5 and i<8]
>>> b
[6, 7]
>>>
```

用 filter()函数改写如下:

```
>>> b=filter(lambda x: x>5 and x<8, range(1,10))
>>> list(b)
[6, 7]
>>>
```

filter()在 Python 2.7 中直接返回一个列表。但在 Python 3.x 中,filter()是一个容器,返回时需要用 list 调用才显示数据。

3.4.4 map()

map(func, S)将传入的函数 func 依次作用到序列 S 的每个元素,并把结果作为新的序列返回。

函数 func 在 S 域上遍历,在 Python 3.x 中 map()是一个容器,返回时需要用 list 调用才显示数据,显示的是 func 作用后的结果数据。

【例 3-11】 比较 map 和 filter:

```
>>> list(map(lambda x:x**2,[1,2,3]))
[1, 4, 9]
>>> list(filter(lambda x:x**2,[1,2,3]))
[1, 2, 3]
>>>
```

说明: map 返回的是 func 作用后的结果数据,而 filter 是通过 func 作用筛选出作用域的数据。map 还可以接受多个参数的函数,例如:

```
>>> list(map(lambda x,y:x*y+x,[1,2,3],[4,5,6]))
[5, 12, 21]
>>>
```

map()、filter()、reduce()三个函数循环要比 for、while 循环快得多。

3.4.5 行函数

行函数也叫列表解析或列表推导式,格式如下:

```
[<expr1> for k in L if <expr2>]
```

【例 3-12】 将列表中能被 2 整除的元素提取出来并加上 2:

```
list=[1,2,3]
A=[k+2 for k in list if k % 2 == 0]
print(A)
```

可用一行代码实现:

```
>>> [k+2 for k in [1,2,3] if k % 2 == 0]
[4]
>>>
```

列表推导式(list comprehension)是利用其他列表创建新列表(类似于数学术语中的集合推导式)的一种方法。它的工作方式类似于 for 循环。例如:

```
>>> [x*x for x in range(10)]
[0, 1, 4, 9, 16, 25, 36, 49, 64, 81]
>>>
```

如果只想打印出那些能被 3 整除的平方数，只需要通过添加一个 if 部分在推导式中就可以完成：

```
>>> [x*x for x in range(10) if x % 3 == 0]
[0, 9, 36, 81]
>>>
```

也可以增加更多的 for 语句部分。例如：

```
>>> [(x,y) for x in range(3) for y in range(3)]
[(0, 0), (0, 1), (0, 2), (1, 0), (1, 1), (1, 2), (2, 0), (2, 1), (2, 2)]
>>> [[x,y] for x in range(2) for y in range(2)]
[[0, 0], [0, 1], [1, 0], [1, 1]]
>>>
```

3.5 常用的内置函数

前面已经介绍过 dir、help、len、id、type、range 等内置函数，除此而外，常见的内置函数还有 sum、zip、enumerate、max、min 等。

3.5.1 sum

sum(s)是 Python 中一个很实用的函数，但要注意参数 s 的类型。
例如：

```
>>> s = sum(1,2,3)
Traceback (most recent call last):
  File "<pyshell#0>", line 1, in <module>
    s = sum(1,2,3)
TypeError: sum expected at most 2 arguments, got 3
>>>
```

其实 sum()的参数是一个 list。例如：

```
>>> sum([1,2,3])
6
>>> sum(range(1,11))
55
>>>
```

sum 还有一个用法：

```
>>> a = range(1,11)
>>> b = range(1,10)
>>> c = sum([item for item in a if item in b])
>>> print(c)
45
>>>
```

其实，sum 的参数也可以是集合、元组，甚至可以是字典。当然，其计算的对象都应该是数值型 int。例如：

```
>>> a={1,2,3}
>>> sum(a)
6
>>> b=(1,2,3)
>>> sum(b)
6
>>> c={1:3,2:4,5:6}
>>> sum(c)              对字典计算的是键 key，不是 value
8
>>> sum(c.values())
13
>>>
```

从上面可以看出，对字典用 sum 计算的是 key，而不是 value。计算 value 值时，使用字典对象的属性 values()。

3.5.2 zip

zip(t,s)返回 t 和 s 的一个相互匹配的列表。例如：

```
>>> t='abc'
>>> s=[1,2,3]
>>> z=zip(t,s)
```

```
[('a', '1'), ('b', '2'), ('c', '3')]
>>>
```

这类似于元组里说的解包。

再如：

```
>>> x = [1, 2, 3]
>>> y = [4, 5, 6]
>>> z = [7, 8, 9]
>>> xyz = zip(x, y, z)
>>> u = zip(*xyz)
>>> print(list(u))
[(1, 2, 3), (4, 5, 6), (7, 8, 9)]
>>>
```

一般认为*是一个 unzip 的过程，它的运行机制如下。

在运行 zip(*xyz)之前，xyz 的值是[(1, 4, 7), (2, 5, 8), (3, 6, 9)]，那么 zip(*xyz)等价于 zip((1, 4, 7), (2, 5, 8), (3, 6, 9))，所以运行结果是[(1, 2, 3), (4, 5, 6), (7, 8, 9)]。

试试下面的练习：

```
>>> x = [1, 2, 3]
>>> r = zip(* [x] * 3)
>>> print(list(r))
[(1, 1, 1), (2, 2, 2), (3, 3, 3)]
>>>
```

上面的代码运行机制是这样的：

- [x]生成一个元素的列表，它只有一个元素 x——列表。
- [x] * 3 生成一个列表，它有 3 个元素[x, x, x]。
- zip(* [x] * 3)的意思就明确了，zip(x, x, x)。

dict 和 zip 可以组合使用，生成字典。例如：

```
>>> d= dict(zip('abc', range(1,4)))
>>> d
{'b': 2, 'c': 3, 'a': 1}
```

```
>>> t={'first':'j','second':'h','third':'abc'}
>>> for i,k in enumerate(t):
print(i,k)

0 first
1 third
2 second
>>>
```

3.5.4 max 和 min

max()和 min()的参数同 sum()，可以是列表、元组、集合、字典，甚至可以是 range()。

当然，字典默认的是针对 key，若需要对 value 进行计算，则需要使用.values()方法。

例如：

```
>>> a={1:2,3:4,5:6}
>>> max(a)
5
>>> min(a.values())
2

>>> B={'a':2,'b':4,'c':6}
>>> min(B)
'a'
>>>
```

当 key 为字符串时，比较的是 key 的 ASCII 码。

```
>>>c = "{1: 'a', 2: 'b'}"  #注意c是字符串
>>>d = eval(c)
>>>d
{1: 'a', 2: 'b'}
>>>type(d)
dict
>>>e = "([1,2], [3,4], [5,6], [7,8], (9,0))"
>>>f = eval(e)
>>>f
([1, 2], [3, 4], [5, 6], [7, 8], (9, 0))
>>>
```

但下面的代码存在很大的风险:

```
>>> __import__('os').system('dir >dir.txt')
0
>>> open('dir.txt').read()
' 驱动器 D 中的卷是 soft\n 卷的序列号是 0046-527B\n\n D:\\python35 的目录
\n\n2016-08-13  01:19    <DIR>          .\n2016-08-13  01:19
<DIR>          ..\n2016-06-21  22:51            406 0.py\n2016-08-13
01:19              0 dir.txt\n2016-06-15  22:07    <DIR>
DLLs\n2016-06-15  22:07    <DIR>          Doc\n2016-06-15  22:06    <DIR>
include\n2016-06-15  22:07    <DIR>          Lib\n2016-06-15  22:07    <DIR>
libs\n2015-12-07  19:56         30,338 LICENSE.txt\n2015-12-06  06:32
310,468 NEWS.txt\n2015-12-06  01:40         38,680 python.exe\n2015-12-
06  01:39         51,480 python3.dll\n2015-12-06  01:39       3,122,968
python35.dll\n2015-12-06  01:40         38,680 pythonw.exe\n2015-11-22
22:58          8,269 README.txt\n2016-06-15  22:08    <DIR>
Scripts\n2016-06-15  22:08    <DIR>          tcl\n2016-06-25  11:37
317 test.py\n2016-06-25  11:37            317 test1.py\n2016-06-25
18:59            150 TestClass.py\n2016-06-15
Tools\n2015-06-25  23:34         85,328
11:38    <DIR>          __pycache__\n
\n           11 个目录 35,201,863,
>>>
```

的任何文件！

下面的代码请自行测试：

```
>>>eval("__import__('os').system(r'md c:\\testtest')")
>>>eval("__import__('os').system(r'rd/s/q c:\\testtest')")
>>>eval("__import__('os').startfile(r'c:\windows\\notepad.exe')")
>>>
```

3.5.6 判断函数

下面这几个函数常用于判断。

(1) **in**：常用于字符串、列表、元组、字典、集合中，用来判断一个字符串或者一个元素是否属于字符串或者列表等。同样，对应的还有 not in。

例如：

```
>>>a={'a':2,'b':4,'c':6}
>>>'a' in a
True
>>>'c' not in a
False
>>>
```

(2) **startswith()、endswith()**：做文本处理时，用来判断字符串开始和结束的位置。基本格式如下：

```
S.startswith(prefix[, start[, end]])
S.endswith(suffix[, start[, end]])
```

示例代码如下：

```
>>>"fish".startswith('fi')
True
>>>"fish".startswith('fi',1)    #此处的1表示从索引位置1开始
False
```

例如：

```
if filename.endswith(('.gif', '.jpg', '.tiff')):
    print("%s 是一个图片文件" %filename)
```

上面两行代码根据文件扩展名是否是 gif、jpg 或 tiff 之一来确定文件是不是图片文件。这个代码也可以写成：

```
if filename.endswith(".gif") or filename.endswith(".jpg") or \  #续行
filename.endswith(".tiff"):
    print("%s 是一个图片文件"%filename)
```

不过，这样比较麻烦。值得注意的是，别忘了元组的括号。

(3) **isalnum()**：检测字符串是否仅由字母和数字组成，若其间夹杂有空格、标点符号或者其他字符，则都返回 False。例如：

```
>>>str = "this2009"
>>>print(str.isalnum())
True
>>>str = "this is string example....wow!!!"
>>>print(str.isalnum())
False
>>>str1 = "hello"
>>>print(str1.isalnum())
True
>>>
```

(4) **isaipha()**：检测字符串是否只由字母组成。如果字符串中的所有字符都是字母，则返回 True，否则返回 False。例如：

```
>>>str = "this"
>>>print(str.isalpha())
True
>>>str = "this is string example....wow!!!"
>>>print(str.isalpha())
```

```
>>>print(str.isdigit())
False
>>>
```

其他内置函数见表 3-2。

表 3-2 其他内置函数

内置函数	说 明
abs(x)	求绝对值
	① 参数可以是整型，也可以是复数
	② 若参数是复数，则返回复数的模
divmod(a, b)	分别取 a/b 的商和余数
	注意：整型、浮点型都可以
int([x[, base]])	将一个字符转换为 int 类型，base 表示进制
pow(x, y[, z])	返回 x 的 y 次幂
range([start], stop[, step])	产生一个序列，默认从 0 开始
round(x[, n])	四舍五入
sum(iterable[, start])	对集合求和
chr(i)	返回整数 i 对应的 ASCII 字符
bin(x)	将整数 x 转换为二进制字符串
format(value [, format_spec])	格式化输出字符串
	格式化的参数顺序从 0 开始，如 "I am {0},I like {1}"
enumerate(sequence [, start = 0])	返回一个可枚举的对象，其 next()方法将返回一个 tuple
max(iterable[, args...][key])	返回集合中的最大值
min(iterable[, args...][key])	返回集合中的最小值
dict([arg])	创建数据字典
list([iterable])	将一个集合类转换为另外一个集合类
set()	set 对象实例化
str([object])	转换为 string 类型
sorted(iterable[, cmp[, key[, reverse]]])	对集合列表排序，不对原集合列表排序，返回新的集合列表
tuple(iterable)	生成一个 tuple 类型

续表

内置函数	说明
eval(expression [, globals [, locals]])	计算表达式 expression 的值
id(object)	返回对象的唯一标识
len(s)	返回集合长度
locals()	返回当前的变量列表
map(function, iterable, ...)	遍历每个元素，执行 function 操作
next(iterator[, default])	类似于 iterator.next()
reduce(function, iterable[, initializer])	合并操作，从第一个开始是前两个参数，然后是前两个的结果与第三个合并进行处理，以此类推
type(object)	返回该 object 的类型
zip([iterable, ...])	矩阵变幻处理
file(filename [, mode [, bufsize]])	file 类型的构造函数，作用为打开一个文件，如果文件不存在且 mode 为写或追加时，文件将被创建。添加'b'到 mode 参数中，将对文件以二进制形式操作。添加'+'到 mode 参数中，将允许对文件同时进行读写操作
	① 参数 filename：文件名称
	② 参数 mode：'r'(读)、'w'(写)、'a'(追加)
	③ 参数 bufsize：如果为 0，表示不进行缓冲；如果为 1，表示进行缓冲，如果是一个大于 1 的数，表示缓冲区的大小
input([prompt])	获取用户输入，返回的结果是字符型
open(name[, mode[, buffering]])	打开文件
	思考与 file 有什么不同？推荐使用 open
print()	打印函数

3.6 常见的错误显示

Python 程序常见的异常见表 3-3。

表 3-3 常见的错误类型

续表

异　常	描　述
IOError	输入输出错误(比如要读的文件不存在)
AttributeError	尝试访问未知的对象属性
IndentationError	冒号换行后没有缩进
ValueError	传给函数的参数类型不正确，比如给 int()函数传入字符串型

一个常见错误的例子：

```
while 1:
   try:
   x = int(input('No.1: '))
   y = int(input('No.2: '))

   r= x/y
   print(r)
   except (Exception) as e:
      print(e)
      print('again')
   else:
      break


 File "<ipython-input-15-6f26b9b9c36e>", line 3
   x = int(input('No.1: '))
   ^
IndentationError: expected an indented block
```

上面的错误是因为 try 行后有冒号，下一行代码应该有缩进，包括后面的几行都应该缩进。

3.6.1　常见的错误类型

(1) NameError：尝试访问一个未声明的变量。例如：

```
>>> v
Traceback (most recent call last):
  File "<pyshell#0>", line 1, in <module>
    v
NameError: name 'v' is not defined
>>>
```

(2) ZeroDivisionError：除数为 0。例如：

```
>>> v = 1/0
Traceback (most recent call last):
  File "<pyshell#1>", line 1, in <module>
    v = 1/0
ZeroDivisionError: division by zero
>>>
```

(3) SyntaxError：语法错误。例如：

```
>>> int 4
SyntaxError: invalid syntax
>>>
```

(4) IndexError：索引超出范围。例如：

```
>>> list1 = ['s','d']
>>> list1[3]
Traceback (most recent call last):
  File "<pyshell#4>", line 1, in <module>
    list1[3]
IndexError: list index out of range
>>>
```

(5) KeyError：字典关键字不存在。例如：

```
>>> Dic = {'1':'yes', '2':'no'}
>>> Dic['3']
Traceback (most recent call last):
  File "<pyshell#6>", line 1, in <module>
    Dic['3']
KeyError: '3'
>>>
```

(6) AttributeError：访问未知对象属性。例如：

```
>>> str='123'
>>> str.append()
Traceback (most recent call last):
  File "<pyshell#9>", line 1, in <module>
    str.append()
AttributeError: 'str' object has no attribute 'append'
>>>
```

(7) ValueError：数值错误。例如：

```
>>> int('d')
Traceback (most recent call last):
  File "<pyshell#10>", line 1, in <module>
```

```
    int('d')
ValueError: invalid literal for int() with base 10: 'd'
>>>
```

(8) TypeError：类型错误。例如：

```
>>> print('123'+45)
Traceback (most recent call last):
  File "<pyshell#11>", line 1, in <module>
    print('123'+45)
TypeError: Can't convert 'int' object to str implicitly
>>>
```

3.6.2 初学者常犯的错误

初学 Python 时，想要彻底弄懂 Python 错误信息的含义可能有点不容易，下面列出了程序运行时出现的一些常见异常，这些异常也是新手常犯的错误。

(1) 忘记在 if、elif、else、for、while、class、def 等末尾添加冒号(:)，导致出现了"SyntaxError: invalid syntax"错误。

该错误将发生在类似如下的代码中：

```
if spam == 42
    print('Hello!')
```

(2) 使用 = 而不是 ==，导致出现了"SyntaxError: invalid syntax"错误。

= 是赋值操作符而 == 是等于比较操作。该错误发生在类似如下的代码中：

```
if spam = 42:
    print('Hello!')
```

(3) 错误地使用了缩进量，导致出现了"IndentationError: unexpected indent"、"IndentationError: unindent does not match any outer indetation level"以及"IndentationError: expected an indented block"错误。记住缩进只用在以":"结束的语句之后，而之后必须恢复到之前的缩进格式，缩进是四个空格。该错误发生在类似如下的代码中：

```
print('Hello!')
    print('Howdy!')
```

或者：

```
if spam == 42:
    print('Hello!')
 print('Howdy!')
```

或者：

```
if spam == 42:
print('Hello!')
```

缩进一定要按层次缩进，尽管 Python 3.5 已经做了很多优化，如 ":" 后换行有时候可以只空一个空格，也能执行，但为了保持代码的可读性，还是应尽可能地空四格，以养成良好的编写代码习惯。

（4）在 for 循环语句中忘记调用 len()，导致出现了 "TypeError: 'list' object cannot be interpreted as an integer" 错误。

通常想要通过索引来迭代一个 list 或者 string 的元素时，需要调用 range()函数。要返回 len 值而不是返回这个列表。该错误发生在类似如下的代码中：

```
spam = ['cat', 'dog', 'mouse']
for i in range(spam):
print(spam[i])
```

（5）尝试修改 string 的值，导致出现了 "TypeError: 'str' object does not support item assignment" 错误。

string 是一种不可变的数据类型，该错误发生在类似如下的代码中：

```
spam = 'I have a pet cat.'
spam[13] = 'r'
```

而实际想要这样做：

```
spam = 'I have a pet cat.'
spam = spam[:13] + 'r' + spam[14:]
```

（6）尝试连接非字符串值与字符串，导致出现了 "TypeError: Can't convert 'int' object to str implicitly" 错误。

该错误发生在类似如下的代码中：

```
numEggs = 12
print('I have ' + numEggs + ' eggs.')
```

而实际想要这样做：

```
numEggs = 12
print('I have ' + str(numEggs) + ' eggs.')
```

或者：

```
numEggs = 12
print('I have %s eggs.' % (numEggs))
```

(7) 在字符串首尾忘记加引号，导致出现了"SyntaxError: EOL while scanning string literal"错误。

该错误发生在类似如下的代码中：

```
print(Hello!')
```

或者：

```
print('Hello!)
```

或者：

```
myName = 'Al'
print('My name is ' + myName + . How are you?')
```

(8) 变量或者函数名拼写错误，导致出现了"NameError: name 'fooba' is not defined"错误。

该错误发生在类似如下的代码中：

```
foobar = 'Al'
print('My name is ' + fooba)
```

或者：

```
spam = ruond(4.2)
```

或者：

```
spam = Round(4.2)
```

(9) 方法名拼写错误，导致出现了"AttributeError: 'str' object has no attribute 'lowerr'"错误。该错误发生在类似如下的代码中：

```
spam = 'THIS IS IN LOWERCASE.'
spam = spam.lowerr()
```

(10) 引用超过了list的最大索引，导致出现了"IndexError: list index out of range"错误。该错误发生在类似如下的代码中：

```
spam = ['cat', 'dog', 'mouse']
print(spam[6])
```

(11) 使用不存在的字典键值，导致出现了"KeyError: 'spam'"错误。

该错误发生在类似如下的代码中：

```
spam = {'cat': 'Zophie', 'dog': 'Basil', 'mouse': 'Whiskers'}
print('The name of my pet zebra is ' + spam['zebra'])
```

(12) 尝试使用 Python 关键字作为变量名,导致出现了"SyntaxError: invalid syntax"错误。Python 关键字不能用作变量名,该错误发生在类似如下的代码中:

```
class = 'algebra'
```

Python 3.x 的关键字有 and、as、assert、break、class、continue、def、del、elif、else、except、False、finally、for、from、global、if、import、in、is、lambda、None、nonlocal、not、or、pass、raise、return、True、try、while、with、yield。

(13) 尝试使用 range()创建整数列表,导致出现了"TypeError: 'range' object does not support item assignment"错误。

有时想要得到一个有序的整数列表,所以 range()看上去是生成此列表的不错方式。然而,range()返回的是 range 对象,而不是实际的 list 值。

该错误发生在类似如下的代码中:

```
spam = range(10)
spam[4] = -1
```

而实际想要这样做:

```
spam = list(range(10))
spam[4] = -1
```

应注意:在 Python 2.7 中,spam = range(10)是可行的,因为在 Python 2.7 中 range()返回的是 list 值,但是在 Python 3.x 中会产生以上错误。

(14) 错误地使用了++(自增)或--(自减)运算符,导致出现了"SyntaxError: invalid syntax"错误。

如果习惯于使用 C++、Java、PHP 等其他的语言,也许会想要尝试使用++(自增)或--(自减)一个变量。而在 Python 中,却并没有这样的操作符。

该错误发生在类似如下的代码中:

```
spam = 1
spam++
```

而真正想要做的是:

```
spam = 1
spam += 1
```

(15) 类中忘记为方法的第一个参数添加 self 参数,导致出现了"TypeError: myMethod() takes no arguments (1 given)"错误。

该错误发生在类似如下的代码中:

```
class Foo():
    def myMethod():
        print('Hello!')

a = Foo()
myMethod()
```

而实际上应该这样做:

```
class Foo():
    def myMethod(self):
        print('Hello!')

a = Foo()
a.myMethod()
```

3.6.3 try

在 Python 中,try-except 语句主要用于处理程序正常执行过程中出现的一些异常情况,如语法错误、数据除零错误、从未定义的变量上取值等;而 try-finally 语句则主要用于监控错误的环节。

尽管 try-except 和 try-finally 的作用不同,但是在编程实践中通常可以把它们组合在一起使用,以 try-except-else-finally 的形式来实现稳定性和灵活性更好的设计。

Python 中,try-except-else-finally 语句的完整格式如下:

```
try:
    Normal execution block
except A:
    Exception A handle
except B:
    Exception B handle
except:
    Other exception handle
else:  #可无,若有必有except x 或 except 存在,仅在try后无异常时执行
    if no exception, get here
finally:    #此语句务必放在最后,并且也是必须执行的语句
    print("finally")
```

说明:正常执行的程序在 try 下的 Normal execution block 块中执行,在执行过程中,如果发生了异常,则中断当前在 Normal execution block 中的执行,跳转到对应的异常处理块 except x(A 或 B)中开始执行,Python 从第一个 except x 处开始查找,如果找到了对应的

exception 类型，则进入其提供的 exception handle 中进行处理，如果没有，则依次进入第二个，如果都没有找到，则直接进入 except 块进行处理。except 块是可选项，如果没有提供，该 exception 将会被提交给 Python 进行默认处理，处理方式则是终止应用程序并打印提示信息。

如果在 Normal execution block 执行块的执行过程中没有发生任何异常，则在执行完 Normal execution block 后，会进入 else 执行块中(若存在)执行。

无论发生异常与否，若有 finally 语句，以上 try-except-else 代码块执行的最后一步总是执行 finally 所对应的代码块。

需要注意如下几个问题。

(1) 在上面所示的完整语句中，try-except-else-finally 所出现的顺序必须是 try→except x→except→else→finally，即所有的 except 必须在 else 和 finally 之前，else(若有)必须在 finally 之前，而 except x 必须在 except 之前。否则会出现语法错误。

(2) 对于上面所展示的 try-except 完整格式而言，else 和 finally 都是可选的，而不是必需的。但若存在 else，则必须放在 finally 之前，finally(如果存在)必须放在整个语句的最后位置。

(3) 在上面的完整语句中，else 语句的存在必须以 except x 或者 except 语句为前提，如果在没有except 语句的 try block 中使用 else 语句，会引发语法错误。即 else 不能仅与 try-finally 配合使用。

【例 3-13】一个 try-except-else 的例子：

```
while 1:
    try:
        x = int(input('No.1: '))
        y = int(input('No.2: '))

        r= x/y
        print(r)
    except (Exception) as e:   #不管什么异常，都捕获给 e
        print(e)
        print('again')
    else:
        break
```

这段代码的意思是：从键盘接收两个输入(数字或者字符)，转化为数字型做除法，如果符合除法规则，就输出结果，并跳转执行 else 语句，如果不符合，有错误，则进入 except 语句，打印错误原因，并重新来一次。

看下面的输入和输出结果：

```
No.1: 1
No.2: 0
division by zero
again

No.1: 1
No.2: a
invalid literal for int() with base 10: 'a'
again

No.1: 1
No.2: 2
0.5
```

final 放在 try 的最后，不管前面发生了什么，final 后面的语句均执行。

3.6.4　assert

assert 是断言的关键字。执行该语句时，先判断表达式 expression，如果表达式为真，则什么都不做；如果表达式为假，则抛出异常。例如：

```
>>> assert len('love') == len('like')
>>> assert len('love u') == len('like')
Traceback (most recent call last):
  File "<pyshell#15>", line 1, in <module>
    assert len('love u') == len('like')
AssertionError
>>>
```

可以看出，如果 assert 后面的表达式为真，则什么都不做，如果为假，就会抛出 AssertionError 异常。

3.6.5　raise

当程序出现错误时，Python 会自动引发异常，也可以通过 raise 显式地引发异常。一旦执行了 raise 语句，raise 后面的语句将不能执行。

下面演示 raise 的用法：

```
try:
    s = None
    if s is None:
```

```
        print("s 是空对象")
        raise NameError    #如果有NameError异常，后面代码都将不执行
    print(len(s))
except TypeError:
    print("空对象没有长度")
```

执行结果：

```
s 是空对象
Traceback (most recent call last):

  File "<ipython-input-18-c87e44f18de5>", line 5, in <module>
    raise NameError    #如果有NameError异常，后面代码都将不执行

NameError
```

3.7　模块和包

先来看一个例子：

```
>>> a=[1.23e+18, 1, -1.23e+18]
>>> sum(a)
0.0
>>>
```

怎么会是 0？再执行下面的代码：

```
>>> import math
>>> math.fsum(a)
1.0
>>>
```

这就对了！

计算机由于浮点数的运算问题，会导致上面的结果有差异。但是我们引入一个 math 后，计算结果就正常了。

3.7.1　模块(module)

模块是包含函数和其他语句的 Python 脚本文件，它以 ".py" 为后缀名，即用 Python 脚本的后缀名。表现形式为：编写的代码保存为文件，这个文件就是一个模块，如 sample.py，其中，文件名 sample 为模块名称。

在 Python 中可以通过导入模块，然后使用其模块中提供的函数或者数据。关于模块的

导入方法，这里以 math 模块为例：

- import math：导入 math 模块。
- import math as m：导入 math 模块并取个别名为 m。
- from math import exp as e：导入 math 库中的 exp 函数并取别名为 e。

要想使用 import 导入的模块中的函数，则必须以"模块名.函数名"的形式调用函数；而 from 是将模块中某个函数而不是整个模块导入，所以使用 from 导入的模块中的某个函数，可以直接以函数名调用，不必在前面加上模块名称。例如：

```
>>> import math as m         #给math模块取个别名m，使用时用m替代math
>>> a=[1.23e+18, 1, -1.23e+18]
>>> m.fsum(a)
1.0

>>> from math import fsum    #这里仅导入了math模块中的fsum函数
>>> a=[1.23e+18, 1, -1.23e+18]
>>> fsum(a)                  #直接使用fsum()函数，不再使用math.fsum()
1.0
>>>
```

以 from 导入模块中的函数后，使用模块中的函数会方便很多，不再使用模块名。如果要想将多个模块中的所有函数都采用这种方式导入，则可以在 from 中使用"*"通配符，表示导入模块中的所有函数，但一般不这么用。如下所示：

```
>>> from math import sqrt   #仅导入了sqrt函数
>>> sqrt(4)
2.0
>>> cos(4)             #仅导入了sqrt函数，所以cos函数不能用
Traceback (most recent call last):
  File "<pyshell#13>", line 1, in <module>
    cos(4)
NameError: name 'cos' is not defined
>>> from math import *    #将math中的所有函数全部导入
>>> sqrt(4)
2.0
>>> cos(4)
-0.6536436208636119
>>>
```

为了确保在 Python 2.1 之前版本的 Python 中可以正常运行一些新的语言特性，需要导入一个包：from __future__ import *。模块就是一个扩展名为.py 的程序文件。我们可以直接引用它，节省时间和精力，无须重复写同样的代码。这也表明 Python 是开源的，符合

"他山之石可以攻玉"的思想。

我们试着写一个模块，保存为.py文件，并调用！

新建一个addyu.py文件，内容如下：

```
#addyu.py
def add(a=0,b=0):
    '''
    此函数是计算两个数的和
    当不输入参数时，默认的是0+0
    '''
    c=a+b
    print(c)
def test(m,K=0,*tup,**dic):
    print('m:',m)
    print('K:',K)
    print('tup:',tup)
    print('dic:',dic)
    return
```

在下面的test_addyu.py文件中调用addyu.py内的add(a,b)函数。test_addyu.py文件的代码如下：

```
#test_addyu.py
from addyu import add
a=add(1,2)
```

这里要注意addyu.py保存的位置。为了让Python解释器能直接import默认安装路径以外的第三方模块(如我们自行编写的模块)，需要在系统环境中添加第三方模块路径，即新建pythonpath环境变量，值为这个模块所在的路径。具体方法如下。

打开计算机"控制面板"，选择"系统和安全"，再选择"系统"，单击"高级系统设置"，弹出如图3-4所示的界面。

单击"环境变量"按钮，在弹出的界面中，在"系统变量"下单击"新建"按钮，在弹出的"新建系统变量"对话框中，为变量名填写"pythonpath"，为变量值填写第三方模块文件所在的路径即可。

如这里存储路径填写了"D:\python_yubg"，如图3-5所示。

也可以用临时访问文件的方法，如调用在E:/yubg/python中的文件yubg.py：

```
import sys
sys.path.append('E:/yubg/python')
import yubg
```

第 3 章 流程控制及函数与类

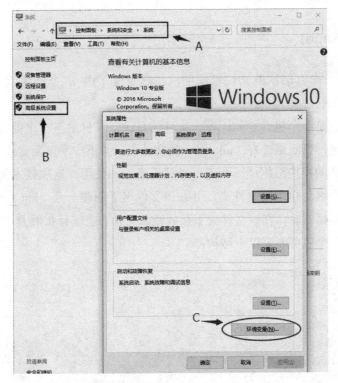

图 3-4 新建 pythonpath 环境变量

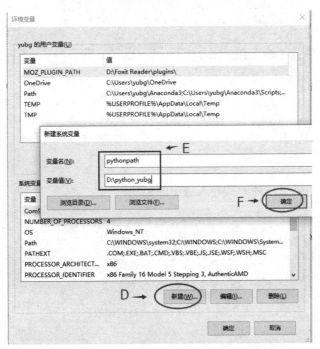

图 3-5 存储路径

3.7.2 包(package)

Python 包是一个有层次的文件目录结构,它定义了由 n 个模块或 n 个子包组成的 Python 应用程序执行环境。

简单地说,包是一个包含 __init__.py 文件的目录,该目录下一定得有 __init__.py 文件和其他模块或子包,也就是带有 __init__.py 的文件夹,并不在乎里面有什么。

多个关系密切的模块组织成一个包,以便于维护和使用。这项技术能有效避免名字空间冲突。创建一个名为包名的文件夹,并在该文件夹下创建一个 __init__.py 文件,就定义了一个包。可以根据需要,在该文件夹下存放资源文件、已编译扩展及子包。

举例来说,一个包可能有以下结构:

```
yubg/
    __init__.py
    index.py
    Primitive/
        __init__.py
        lines.py
        fill.py
        text.py
        ...
    yubg_1/
        __init__.py
        plot2d.py
        ...
    yubg2/
        __init__.py
        plot3d.py
        ...
```

import 语句使用以下几种方式导入包中的模块:

```
import yubg.Primitive.fill
#导入模块 yubg.Primitive.fill,只能以全名访问模块属性
#例如 yubg.Primitive.fill.floodfill(img,x,y,color)

from yubg.Primitive import fill
#导入模块 fill,只能以 fill.属性名 这种方式访问模块属性
#例如 fill.floodfill(img,x,y,color)

from yubg.Primitive.fill import floodfill
#导入 fill,并将函数 floodfill 放入当前名称空间,直接访问被导入的属性
#例如 floodfill(img,x,y,color)
```

无论一个包的哪个部分被导入，在文件__init__.py 中的代码都会运行。这个文件的内容允许为空，不过，通常情况下，它用来存放包的初始化代码。导入过程遇到的所有__init__.py 文件都被运行。因此，import yubg.Primitive.fill 语句会顺序运行 yubg 和 Primitive 文件夹下的__init__.py 文件。

下面的语句有歧义：

```
from yubg.Primitive import *
```

本语句的原意是想将 yubg.Primitive 包下的所有模块导入到当前的名称空间。然而，由于不同平台之间文件命名规则不同(比如大小写敏感问题)，Python 不能正确判断哪些模块要被导入。语句只会顺序运行 yubg 和 Primitive 文件夹下的__init__.py 文件。要解决这个问题，应该在 Primitive 文件夹下的__init__.py 中，定义一个名字为 all 的列表，例如：

```
# yubg/Primitive/__init__.py
__all__ = ["lines","text","fill",...]
```

这样，上面的语句就可以导入列表中所有的模块了。

3.7.3 datetime 和 calendar 模块

time 模块提供各种时间相关的功能。在 Python 中，与时间处理有关的模块包括 time、datetime，以及 calendar 等。

(1) 必要说明。

虽然 time 模块总是可用，但并非所有的功能都适用于各个平台。模块中定义的大部分函数是调用 C 平台上的同名函数实现，所以各个平台上的实现可能略有不同。

(2) 一些术语和约定的解释。

时间戳(timestamp)的方式：通常来说，时间戳表示的是从 1970 年 1 月 1 日 00:00:00 开始按秒计算的偏移量(time.gmtime(0))，此模块中的函数无法处理 1970 纪元年以前的日期和时间或太遥远的未来(处理极限取决于 C 函数库，对于 32 位系统来说，是 2038 年)。

UTC(Coordinated Universal Time，世界协调时)：也叫格林尼治天文时间，是世界标准时间。在中国为 UTC+8。

DST(Daylight Saving Time)：即夏令时的意思。

【例 3-14】time 模块：

```
>>> import time              #导入时间模块
>>> t1=time.time()           #返回现在的时间，但返回的是时间戳
>>> t1
1466828024.2864037
>>>
```

```
>>> t2=time.ctime()          #返回现在的时间, 正常的时间格式
>>> t2
'Sat Jun 25 12:14:25 2016'
>>>

>>> t2=time.ctime(t1)    #可以将时间戳作为参数, 返回正常时间格式
>>> t2
'Sat Jun 25 12:13:44 2016'
>>>

>>> t3=time.localtime()    #返回当前的时间元组格式
>>> t3
time.struct_time(tm_year=2016, tm_mon=6, tm_mday=25, tm_hour=12, tm_min=15, tm_sec=57, tm_wday=5, tm_yday=177, tm_isdst=0)
>>>

>>> t4=time.asctime()        #返回现在的时间, 正常的时间格式
>>> t4
'Sat Jun 25 12:16:35 2016'
>>>

>>> t4=time.asctime(t3)     #可将时间元组作为参数, 返回正常的时间格式
>>> t4
'Sat Jun 25 12:15:57 2016'
>>>

>>> time.strftime('%y/%m/%d') #返回当前日期, 以/分割, 也可换成以,分割
'16/06/25'
>>>
```

说明如下。

tm_year: 年。

tm_mon: 月。

tm_mday: 日。

tm_hour: 时。

tm_min: 分。

tm_sec: 秒。

tm_wday: 一周中的第几天。

tm_yday: 一年中的第几天。

tm_isdst：夏令时(-1 代表夏令时)。

1. datetime 模块

datatime 模块重新封装了 time 模块，提供更多接口，提供的类有 date、time、datetime、timedelta(时间加减)、tzinfo(时区)。

例如：

```
>>> import datetime
>>> datetime.date.today()          #返回当前日期
datetime.date(2016, 6, 25)

>>> datetime.date(2016, 4, 10)
datetime.date(2016, 4, 10)

>>> datetime.date.today().ctime()   #返回当前日期时间
'Sat Jun 25 00:00:00 2016'

>>> datetime.date.today().timetuple()  #返回当前的时间元组格式
time.struct_time(tm_year=2016, tm_mon=6, tm_mday=25, tm_hour=0, tm_min=0, tm_sec=0, tm_wday=5, tm_yday=177, tm_isdst=-1)

>>> print(datetime.datetime.now())    #返回当前正常的日期时间
2016-06-25 13:56:47.281702

>>> t = datetime.datetime.now()       #取当前日期时间
>>> m = t + datetime.timedelta(5)     #在 t 时刻上增加 5 天(默认是天)
>>> m
datetime.datetime(2016, 6, 30, 13, 56, 53, 998939)

>>> m = t + datetime.timedelta(weeks=5)
>>> print(m)
2016-07-30 13:56:53.998939
>>>
```

说明如下。

timedelta()的参数还可以是 hours=5，或者是 weeks=5、minutes=5、seconds=5，但没有 years 和 months，因为年和月的时间不定，如月份有 30 天和 31 天。

2. calendar 模块

此模块的函数都是与日历相关的，例如打印某月的字符月历。星期一是默认的每周第一天，星期天是默认的最后一天。更改设置需调用 calendar.setfirstweekday()函数。

例如：

```
>>> import calendar
>>> m = calendar.month(2016,4)      #返回某年某月的日历
>>> print(m)
     April 2016
Mo Tu We Th Fr Sa Su
             1  2  3
 4  5  6  7  8  9 10
11 12 13 14 15 16 17
18 19 20 21 22 23 24
25 26 27 28 29 30


>>>
print(n)


>>> n = calendar.calendar(2016,w=2,l=1,c=6)      #见后注
>>> print(n)
```

```
                                  2016

         January                February                  March
Mo Tu We Th Fr Sa Su    Mo Tu We Th Fr Sa Su    Mo Tu We Th Fr Sa Su
             1  2  3     1  2  3  4  5  6  7        1  2  3  4  5  6
 4  5  6  7  8  9 10     8  9 10 11 12 13 14     7  8  9 10 11 12 13
11 12 13 14 15 16 17    15 16 17 18 19 20 21    14 15 16 17 18 19 20
18 19 20 21 22 23 24    22 23 24 25 26 27 28    21 22 23 24 25 26 27
25 26 27 28 29 30 31    29                      28 29 30 31

          April                   May                     June
Mo Tu We Th Fr Sa Su    Mo Tu We Th Fr Sa Su    Mo Tu We Th Fr Sa Su
             1  2  3                       1        1  2  3  4  5
 4  5  6  7  8  9 10     2  3  4  5  6  7  8     6  7  8  9 10 11 12
11 12 13 14 15 16 17     9 10 11 12 13 14 15    13 14 15 16 17 18 19
18 19 20 21 22 23 24    16 17 18 19 20 21 22    20 21 22 23 24 25 26
25 26 27 28 29 30       23 24 25 26 27 28 29    27 28 29 30
                        30 31

          July                   August                September
Mo Tu We Th Fr Sa Su    Mo Tu We Th Fr Sa Su    Mo Tu We Th Fr Sa Su
             1  2  3     1  2  3  4  5  6  7              1  2  3  4
 4  5  6  7  8  9 10     8  9 10 11 12 13 14     5  6  7  8  9 10 11
11 12 13 14 15 16 17    15 16 17 18 19 20 21    12 13 14 15 16 17 18
18 19 20 21 22 23 24    22 23 24 25 26 27 28    19 20 21 22 23 24 25
25 26 27 28 29 30 31    29 30 31                26 27 28 29 30

         October                November                December
Mo Tu We Th Fr Sa Su    Mo Tu We Th Fr Sa Su    Mo Tu We Th Fr Sa Su
                1  2        1  2  3  4  5  6              1  2  3  4
 3  4  5  6  7  8  9     7  8  9 10 11 12 13     5  6  7  8  9 10 11
10 11 12 13 14 15 16    14 15 16 17 18 19 20    12 13 14 15 16 17 18
17 18 19 20 21 22 23    21 22 23 24 25 26 27    19 20 21 22 23 24 25
24 25 26 27 28 29 30    28 29 30                26 27 28 29 30 31
31

>>>
```

注：n = calendar.calendar(2016,w=2,l=1,c=6)——返回某年的年历，三个月一行，间隔为距离 c，每日宽度间隔为 w 字符，每行长度为 21×w+18+2×c，l 是每星期行间距。

calendar 模块还可以处理闰年的问题。判断是否闰年、两个年份之间闰年的个数。

例如：

```
>>> import calendar
>>> print(calendar.isleap(2012))
True
>>> print(calendar.leapdays(2010, 2015))
1
>>>
```

3.7.4 urllib 模块

当我们想下载网上的文档、数据时，也就是编写大家常说的爬虫，常用到 urllib 模块，具体示例如下：

```
>>> import urllib.request
>>> ur = urllib.request.urlopen("http://www.baidu.com")
>>> content = ur.read()
>>> mystr = content.decode("utf8")
>>> ur.close()
>>> print(mystr)

<!DOCTYPE html>
<!--STATUS OK-->
<html>
<head>
    <meta http-equiv="content-type" content="text/html;charset=utf-8">
    <meta http-equiv="X-UA-Compatible" content="IE=Edge">
    <meta content="always" name="referrer">
    <meta name="theme-color" content="#2932e1">
    <link rel="shortcut icon" href="/favicon.ico" type="image/x-icon" />
    <link rel="search" type="application/opensearchdescription+xml" href="/content-search.xml" title="百度搜索" />
    <link rel="icon" sizes="any" mask href="//www.baidu.com/img/baidu.svg">

    <link rel="dns-prefetch" href="//s1.bdstatic.com"/>
    <link rel="dns-prefetch" href="//t1.baidu.com"/>
    <link rel="dns-prefetch" href="//t2.baidu.com"/>
    <link rel="dns-prefetch" href="//t3.baidu.com"/>
```

```
    <link rel="dns-prefetch" href="//t10.baidu.com"/>
    <link rel="dns-prefetch" href="//t11.baidu.com"/>
    <link rel="dns-prefetch" href="//t12.baidu.com"/>
    <link rel="dns-prefetch" href="//b1.bdstatic.com"/>

    <title>百度一下,你就知道</title>
    ...
>>>
```

由于网页内容太多,这里只取了<title>标签之前的部分。当然,要想获取更多的其他内容,那就要使用更多的技术。这里仅仅把首页上的内容"抓"了下来。需要注意:

```
urllib.request.urlopen("http://www.baidu.com")
```

这行代码里的参数是网址,"http://"不能少,否则会报错!关于更多的更深层次的爬虫技术,本书后面还有介绍。

3.8 类

面向对象编程——Object Oriented Programming,简称 OOP,是一种程序设计思想。OOP 把对象作为程序的基本单元,一个对象包含了数据和操作数据的函数。

在 Python 中,所有数据类型都可以视为对象,当然,也可以自定义对象。自定义的对象数据类型就是面向对象中的类(Class)的概念。

类是所有面向对象语言中最难理解的一个内容。Python 中的类(Class)是一个抽象的概念,比函数还要抽象,这也是 Python 的核心概念,是一个非常重要的知识点,我们可以把它简单地看作是数据以及由存取、操作这些数据的方法所组成的一个集合。

我们在学习函数(function)之后,知道了可以重用代码,那为什么还要用类来规划函数呢?因为类有这样一些优点。

(1) 类对象是多态的:也就是多种形态,这意味着我们可以对不同的类对象使用同样的操作方法,而不需要额外写代码。

(2) 类的封装:封装之后,可以直接调用类的对象,来操作内部的一些类方法,不需要让使用者看到代码工作的细节。

(3) 类的继承:类可以从其他类或者元类中继承它们的方法,直接使用。

定义类(class)的语法如下:

```
class NameClass(object):
    def fname(self, name):
        self.name = name
```

第一行语法是 class 后面紧接类的名称,最后带上冒号。类的名称首字母最好大写。

第二行开始是类的方法,与函数非常相似,但是与普通函数不同的是,它的内部有一个 self 参数,作用是对对象自身的引用。

这里以一个例子来说明面向过程和面向对象在程序流程上的不同之处。假设要处理学生的成绩表,为了表示一个学生的成绩,面向过程的程序可以用一个字典来表示:

```
std1 = {'name': 'Michael', 'score': 98}
std2 = {'name': 'Bob', 'score': 81}
```

处理学生成绩可以通过函数来实现,比如打印学生的成绩:

```
def print_score(std):
    print('{0},{1}'.format(std['name'], std['score']))
```

但如果采用面向对象的程序设计思想,我们首先思考的不是程序的执行流程,而是 Student 这种数据类型应该被视为一个对象,这个对象拥有 name 和 score 这两个属性(Property)。如果要打印一个学生的成绩,首先必须创建出这个学生对应的对象,然后,给对象发一个 print_score 消息,让对象自行把自己的数据打印出来。

类定义如下:

```
class Student(object):
    def __init__(self, name, score):
        self.name = name
        self.score = score
    def print_score(self):
        print('{0},{1}'.format(self.name,self.score))
```

给对象发消息,实际上就是调用对象对应的关联函数,又称为对象的方法(Method)。面向对象的程序写出来就像这样:

```
bart = Student('Bart Simpson', 59)
lisa = Student('Lisa Simpson', 87)
bart.print_score()
lisa.print_score()
```

面向对象的设计思想是从自然界中来的,因为在自然界中,类(Class)和实例(Instance)的概念是很自然的。Class 是一种抽象概念,比如我们定义的 Class——Student,是指学生这个概念,而实例(Instance)则是一个个具体的 Student,比如 Bart Simpson 和 Lisa Simpson 是两个具体的 Student。

所以,面向对象的设计思想是抽象出 Class,根据 Class 创建 Instance。

类的方法与普通的函数只有一个特殊的区别——它们必须有**额外的第一个参数**,但是在调用此方法的时候，不用为这个参数赋值，Python 会提供这个值。这个特别的变量指对象本身，它就是 self。

虽然可以给这个参数任何名称，但是强烈建议使用 self 这个名称——其他名称都是不赞成使用的。使用一个标准的名称有很多优点，例如我们写的程序代码其他人可以迅速识别，如果使用 self 的话，还有些 IDLE(集成开发环境)也可以帮助我们。

Python 如何给 self 赋值以及为何不需要给它赋值？这里举一个例子。

假如有一个 MyClass 类和它的一个实例 MyObj。调用对象的 MyObj.method(arg1,arg2) 方法时，Python 会自动转为 MyClass.method(MyObj, arg1, arg2)，这就是 self 的原理了。

这也意味着如果有一个不需要参数的方法，但是我们仍然需要给这个方法定义一个 self 参数。比较下面类和函数的区别。

类：

```
#coding = utf-8
#创建实例类 Test
class Test(object):
    def add(self,a,b):
        '''
        打印输出 a+b 的值，注意类方法需要添加 self
        '''
        print(a+b)
    def display(self):
        '''
        打印输出字符串，注意类方法需要添加 self，尽管不需要参数
        '''
        print('hell, here is a Class test.')

test = Test()      #创建一个类实例 test
test.add(1,3)      #调用方法
test.display()
```

函数：

```
def addTwo(a,b):    #不需要加 self 参数
    print(a+b)

addTwo(1,2)
```

类中声明 add() 方法时，若不加 self，则提示错误。

Python 编程中，类的概念可以比作某种类型集合的描述。打个比方：类就是烤饼干的模子，而一个个的饼干就是一个个实例，或者说类就是一个工厂，实例就是一个个产品。

创建类时，可以定义一个特定的方法，名为__init__()，只要创建这个类的一个实例，就会运行这个方法。可以向__init__()方法传递参数，这样，创建对象时就可以把属性设置为我们希望的值，这个__init__()方法会在创建对象时完成初始化。

```
>>> class peo:
    def __init__(self,name,age,sex):
        self.Name = name
        self.Age = age
        self.Sex = sex
    def speak(self):
        print("my name: " + self.Name)

>>>
```

实例化这个类的对象时：

```
>>> zhangsan=peo("zhangsan",24,'man')
>>> print(zhangsan.Age)
 24
>>> print(zhangsan.Name)
 zhangsan
>>> print(zhangsan.Sex)
 Man
>>> zhangsan.speak()
my name: zhangsan
>>>
```

本 章 小 结

本章主要学习了 if、for、while 流程控制语句，尤其使用 for 循环遍历的方法，还有以下重要内容。

(1) 函数 map 和 zip 的使用。
(2) 函数和类的编写格式。
(3) try 的使用方法。
(4) 包和模块的导入方法。

练 习

(1) 在 0~9 之间随机选择 1 个整数，操作 100 次，统计共有几种数字，并用字典的方式输出每个数字的出现次数，键是出现的整数，值是出现的次数。

(2) 将整数 2016 的每个数字分离出来,依次打印输出。

(3) 已知字典{"name": "python", "book": "python", "lang": "english"},要求将该字典的键和值对换。(注意,字典中有键的值是重复的)

(4) 已知一段程序中,用列表保存几个用户名,例如['xiaoxifeng', 'cangcang', 'tom'],要求通过终端输入新的用户名,判断所输入的用户名是否为已经设置好的用户名,并且对判断结果给出友好的提示。如果不是,允许用户多次尝试输入,直到正确为止。

(5) 找一段英文的文本,统计该文本中单词的出现次数。比如 "How are you. How are you." 的统计结果是{"how":2,"are":2,"you":2}。

(6) 已知字符串 a = "aAsmr3idd4bgs7Dlsf9eAF",要求编写程序,完成如下任务。

① 将字符串中的数字取出,并输出成一个新的字符串。

② 统计字符串中每个字母的出现次数(忽略大小写,即认为 a 与 A 是同一个字母),并输出成一个字典。像{'a':3,'b':1}这样。

③ 去除字符串多次出现的字母,不区分大小写。如'aAsmr3idd4bgs7Dlsf9eAF'经过去除后,输出'asmr3id4bg7lf9e'。

(7) 有一百个瓶子,分别编号为 1~100。现在有人拿枪从第一个开始射击,每枪击破一个,跳过一个,一直到一轮完成。接着在剩下的瓶子里面再次击破第一个,间隔一个再击破一个。问最后剩下完整的瓶子是这一百个瓶子里的第几个?

(8) 写一段程序,能够实现如下功能。

① 输入英文的姓名。

② 按照字典顺序将所有姓名排序。

③ 输入完毕,将排序结果打印出来。

(9) 编写一个函数,实现摄氏温度和华氏温度之间的换算,换算公式为 F=9C/5 + 32。要求输入单位是摄氏度的值,能够显示相应的华氏度值,反之亦然。

(10) 制做一个加法计算器,要求用户先后输入两个数,能够计算出结果,并打印出加法算式。

(11) 为老师们编写一个处理全班考试成绩的程序。要求如下。

① 能够依次录入班级同学的姓名和分数。

② 录入完毕,则打印出全班的平均分、最高分的同学姓名和分数。

(12) 编写工资额计算器,要求如下。

① 确定每月的基本工资。

② 输入每月的实际应当工作天数。

③ 输入当月的请假天数,如果请假天数小于等于 2 天,对工资无影响;大于 2 天小于等于 7 天,扣除当月基本工资的 10%;大于 7 天小于等于 14 天,扣除当月基本工资的

50%；大于 14 天，扣除全月工资。

④ 如果当月实际工作天数和应工作天数一样(不算加班)，则增加基本工资的 20%。

⑤ 如果当月有加班，则按照加班的天数和当月的日工资(基本工资/实际工作天数)计算加班费。

⑥ 输入最终应得工资。

(13) 有多少个三位数能被 17 整除？编写程序，将这些数值显示出来。

(14) 编写一个猜数游戏，要求如下。

① 用户可以输入无限多次数字。

② 如果猜中了数字，则要输出用户猜测的次数和数字结果。

(15) 编写程序，判断一个数是否为素数。

(16) 创建 PayCalculator 类，拥有 pay_rate 属性，以每小时人民币数量为单位。该类拥有 compute_pay(hours)方法，计算给给定工作时间的报酬，并返回。

(17) 创建 SchoolKid 类，初始化小孩的姓名、年龄。也有访问每个属性的方法和修改属性的方法。然后创建 ExaggeratingKid 类，继承 SchoolKid 类，在子类中覆盖访问年龄的方法，并将实际年龄加 2。

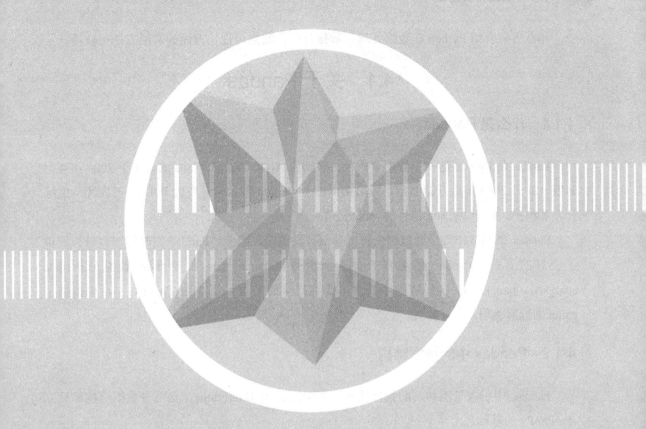

第 4 章

Python 数据分析实战

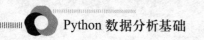 Python 数据分析基础

本章主要介绍 Python 在数据处理、数据分析、数据可视化方面的常用方法与技巧。

4.1 关于 Pandas

4.1.1 什么是 Pandas

Pandas 是 Python 的一个数据分析包,最初由 AQR Capital Management 于 2008 年 4 月开发,并于 2009 年底开源面市,目前由专注于 Python 数据包开发的 PyData 开发团队继续开发和维护,属于 PyData 项目的一部分。

Pandas 最初被作为金融数据分析工具而开发出来,因此,Pandas 为时间序列分析提供了很好的支持。Pandas 的名称来自于面板数据(panel data)和 Python 数据分析(data analysis)。panel data 是经济学中关于多维数据集的一个术语,在 Pandas 中,也提供了 panel 的数据类型。

4.1.2 Pandas 中的数据结构

Pandas 中引入了两种新的数据结构——Series 和 DataFrame,这两种数据结构都建立在 NumPy 的基础之上。

Series:一维数组系列,也有称序列的,与 Numpy 中的一维 array 类似。二者与 Python 基本的数据结构 List 也很相近。

DataFrame:二维的表格型数据结构。很多功能与 R 中的 data.frame 类似。可以将 DataFrame 理解为 Series 的容器。以下内容主要以 DataFrame 为主。

Panel:三维的数组,可以理解为 DataFrame 的容器。

4.1.3 Pandas 的安装方法

在安装 Pandas 之前,无须安装任何 Python 及其衍生产品,直接下载 Anaconda,官方网址为 https://www.continuum.io/downloads,Anaconda 发展更新较快,本书下载的是 Python 3.5 版本,32 位(看个人机器,有的是 64 位)。

下载界面如图 4-1 所示。

下载后的文件如下:

```
Anaconda3-2.4.1-Windows-x86.exe      应用程序      306,282 KB
```

直接双击安装,可自选安装位置。安装完成后,在开始菜单里可以看到如图 4-2 所示的菜单。

第 4 章　Python 数据分析实战

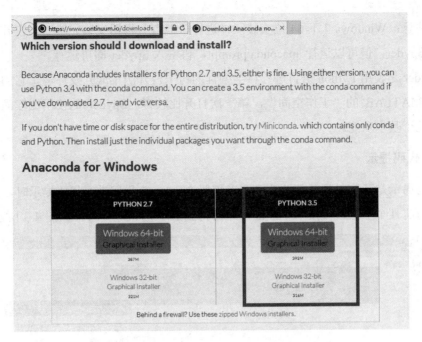

图 4-1　Anaconda 官网下载界面

图 4-2　Anaconda 菜单

安装完 Anaconda，就相当于安装了 Python、IPython、集成开发环境 Spyder 以及一些安装包等。

应注意：Windows 7 下 64 位安装一样进行，但有些机器安装完毕后，在开始菜单栏内找不到 Spyder，但可以运行 anaconda prompt，再键入 Spyder 即可运行。

Spyder 是使用 Python 语言进行科学编程的跨平台开源集成开发环境，它的最大优点就是模仿 MATLAB 的"工作空间"，第一次打开比较慢。Spyder 的使用比较简单，下面介绍它的几个基本功能。

1. 代码提示

代码提示是开发工具必备的功能，当需要 Spyder 给我们进行代码提示时，只需要输入函数名的前几个字母，再按下 Tab 键，即可得到 IDE 的代码提示，如图 4-3 所示。

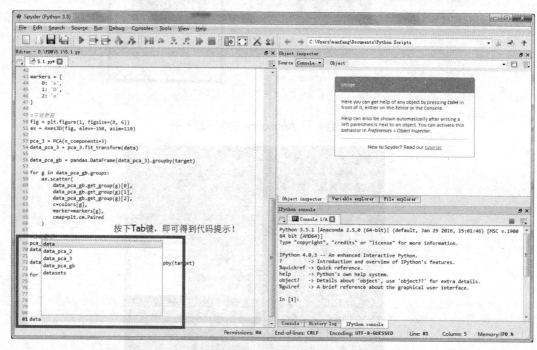

图 4-3　Spyder 界面

2. 变量浏览

变量是代码执行过程中暂留在内存中的数据，我们可以通过 Spyder 对变量承载的数据进行查看，方便我们对数据进行处理。

如图 4-4 所示，变量浏览框中包含了变量的名称、类型、大小以及基本预览，双击对应变量名所在的行，即可打开变量的详细数据进行查看。

3. 图形查看

绘图是我们进行数据分析时必备的技能之一，一款好的工具，必须具备图形绘制的功能，IPython 窗体中集成了绘图功能，如图 4-5 所示。

第 4 章 Python 数据分析实战

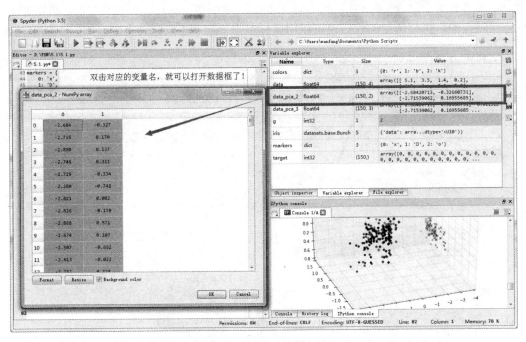

图 4-4　Spyder 变量浏览

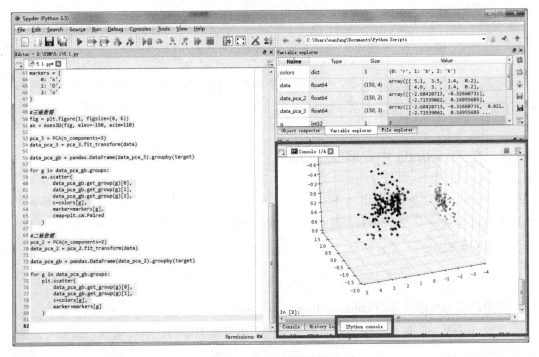

图 4-5　Spyder 绘图界面

了解以上三点功能，基本上就可以使用 Spyder 在数据分析过程中尽情发挥了。

最后，需要提醒大家的是，执行代码时必须先选中代码，然后再按下 Ctrl+Enter 组合键，如果没有选中代码，只是把光标放在代码对应的行，按下 Ctrl+Enter 组合键，是不能执行代码行的。执行选定的代码也可以用鼠标单击 Run cell 按钮来完成，如图 4-6 所示。

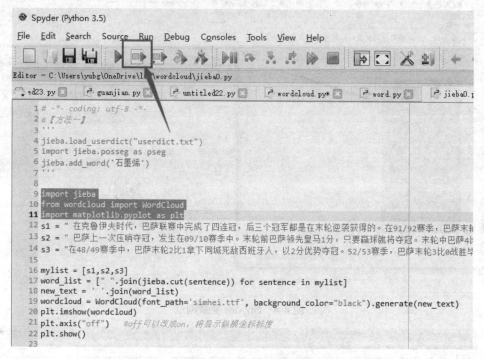

图 4-6　单击 Run cell 按钮执行选定的代码

如果在安装时遇到其他问题，可以在如下网址中找到各种操作系统的详细安装指导：

http://www.datarobot.com/blog/getting-up-and-running-with-python/

4.1.4　在 Anaconda 中安装第三方库

在 Windows 下安装 Python 和很多包，对于新手来说，总觉得是一件很痛苦的事情。所以许多人喜欢使用 Anaconda，最方便的一点是它整合了大量的依赖包。

如下网址页面列出了它所包含的全部依赖包：

http://docs.continuum.io/anaconda/pkg-docs.html

其中，比如科学计算的 numpy、theano 等，都应有尽有。

尽管 Anaconda 整合了很多常用的包，但它也不是万能的，有些包就没有整合进来，比如爬虫 scrapy。

不过安装 scrapy 包比较简单，只需要在"开始"菜单中选定"Windows 系统"，单击"命令提示符"，在弹出的窗口命令行中输入"conda install scrapy"，就可以安装了。

图 4-7 是安装 scrapy 包的截图。

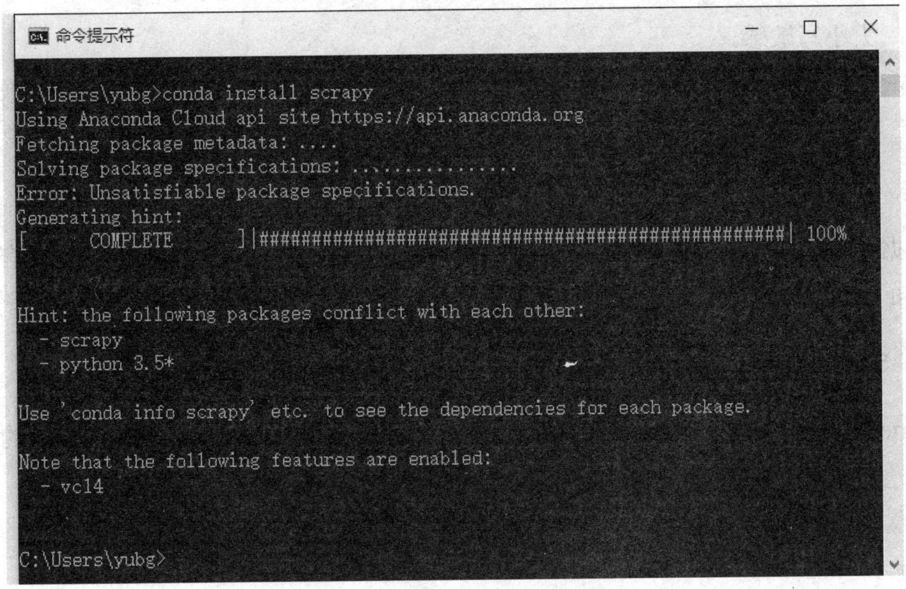

图 4-7　安装 scrapy 包的界面

4.2　数 据 准 备

4.2.1　数据类型

Python 常用的三种数据类型是 logical、numeric、character。

logical 即布尔型，只有两种取值，0 和 1，或者真假(true、false)。

运算规则：&(与，有一个为假则为假)；|(或，有一个为真则为真)；not(非，取反)，具体如表 4-1 所示。

表 4-1　布尔运算规则

运算符	注释	运算规则
&	与	两个逻辑型数据中，其中一个数据为假，则结果为假
|	或	两个逻辑型数据中，其中一个数据为真，则结果为真
not	非	取相反值，非真的逻辑型数据为假，非假的逻辑型数据为真

numeric 即数值型。

运算规则：+、-、*、/ 。

character 即字符型，使用单引号('')或者双引号("")包围起来。

Python 数据类型变量的命名规则如下。

(1) 变量名可以由 a~z、A~Z、数字、下划线组成，首字母不能是数字和下划线。

(2) 大小写敏感。

(3) 变量名不能为 Python 中的保留字。如不能是 and、continue、lambda、or 等。

4.2.2 数据结构

数据结构是指相互之间存在的一种或多种特定关系的数据类型的集合，主要有 Series(系列)和 Dataframe(数据框)。

1. Series

Series 即系列(也称序列)，用于存储一行或一列的数据，以及与之相关的索引的集合。使用方法如下：

```
Series([数据1, 数据2, ...], index=[索引1, 索引2, ...])
```

例如：

```
In [1]:from pandas import Series
       X = Series(['a',2,'螃蟹'],index=[1,2,3])
In [1]:X
Out[2]:
1    a
2    2
3    螃蟹
dtype: object

In [3]:X[3]
Out[3]:'螃蟹'
```

一个系列允许存放多种数据类型，索引也可以省略；可以通过位置或者索引访问数据，如 X[3]，返回'螃蟹'。

Series 的索引 index 可以省略，默认从 0 开始，也可以指定索引。

在 Spyder 中写入代码：

```
from pandas import Series
A=Series([1,2,3])    #定义系列的时候，数据类型不限
print(A)

#输出如下
0    1       #第一列的 0 到 2 就是数据的索引，也就是位置，计数从 0 开始
1    2
2    3
```

```
dtype: int64

from pandas import Series
A=Series([1,2,3],index=[1,2,3])   #可自定义索引,如:123;ABCD等
print(A)

1    1
2    2
3    3
dtype: int64            #dtype指向数据类型,ini64是指64位整数

from pandas import Series
A=Series([1,2,3],index=['A','B','C'])
print(A)

A    1
B    2
C    3
dtype: int64
```

注意容易犯的错误:

```
from pandas import Series
A=Series([1,2,3],index=[A,B,C])
print(A)

Traceback (most recent call last):

  File "<ipython-input-10-d5dd51933cbd>", line 3, in <module>
    A=Series([1,2,3],index=[A,B,C])

NameError: name 'B' is not defined
```

因为这里 A、B、C 都是字符串,需要使用引号。

访问系列值时,需要通过索引值来访问,系列的索引 index 和系列值是一一对应的关系,如表 4-2 所示。

表 4-2 系类索引与系列值对应

系列索引	系列值
0	14
1	26
2	31

例如：

```
from pandas import Series
A=Series([14,26,31])
print(A)
print(A[1])       #系列的位置从0开始的，第一个数从0开始计数
print(A[5])       #超出index的总长度会报错


0    14
1    26
2    31
dtype: int64
26
KeyError: 5      # print(A[5])时因为索引越界出错

from pandas import Series
A=Series([14,26,31],index=['first','second','third'])
print(A)
print(A['second'])   #如果设置了index参数，也可通过参数来访问系列值

first    14
second   26
third    31
dtype: int64
26
```

执行下面的代码，看看运行的结果：

```
from pandas import Series

#可以混合定义一个序列
x = Series(['a', True, 1], index=['first', 'second', 'third'])

#访问
x[1]

#根据index访问
x['second']

#不能越界访问
x[3]

#不能追加单个元素，但可以追加系列
x.append('2')
```

```
#追加一个系列
n = Series(['2'])
x.append(n)

#需要使用一个变量来承载变化,即 x.append(n)返回的是一个新序列
x = x.append(n)

#判断值是否存在,数字和逻辑型(True/False)是不需要加引号的
2 in x.values
'2' in x.values

#切片
x[1:3]

#定位获取,这个方法经常用于随机抽样
x[[0, 2, 1]]

#根据 index 删除
x.drop(0)
x.drop('first')

#根据位置删除,返回新的序列
x.drop(x.index[3])

#根据值删除,显示值不等于 2 的系列,即删除 2,返回新序列
x[2!=x.values]

#通过值访问系列号 index
x.index[x.values=='a']

#修改 series 中的 index:可以通过赋值更改,也可以通过 reindex()方法
x.index=[0,1,2,3,4]

#可将字典转化为 Series
s=Series({'a':1,'b':2,'c':3})
```

Series 的 sort_index(ascending=True)方法可以对 index 进行排序操作,ascending 参数用于控制升序或降序,默认为升序。也可使用 reindex()方法重新排序。

在 Series 上调用 reindex 重排数据,使得它符合新的索引,如果索引的值不存在,就引入缺失数据值:

```
#reindex 重排序
obj = Series([4.5, 7.2, -5.3, 3.6], index=['d', 'b', 'a', 'c'])
obj
Out[25]:
d    4.5
b    7.2
a   -5.3
c    3.6
dtype: float64

obj2 = obj.reindex(['a', 'b', 'c', 'd', 'e'])
obj2
Out[26]:
a   -5.3
b    7.2
c    3.6
d    4.5
e    NaN
dtype: float64

obj.reindex(['a', 'b', 'c', 'd', 'e'], fill_value=0)
Out[27]:
a   -5.3
b    7.2
c    3.6
d    4.5
e    0.0
dtype: float64
```

Series 对象本质上是一个 NumPy 的数组，因此 NumPy 的数组处理函数可以直接对 Series 进行处理。但是 Series 除了可以使用位置作为下标存取元素外，还可以使用标签存取元素，这一点与字典相似。每个 Series 对象实际上都由两个数组组成。

- index：它是从 NumPy 数组继承的 index 对象，保存标签信息。
- values：保存值的 NumPy 数组。

注意如下几点。

(1) Series 是一种类似于一维数组(数组：ndarray)的对象。

(2) 它的数据类型没有限制(各种 NumPy 数据类型)。

(3) 它有索引，把索引当作数据的标签(key)看待，类似于字典(只是类似，实质上是数组)。

(4) Series 同时具有数组和字典的功能，因此它也支持一些字典的方法。

2. DataFrame

DataFrame 是用于存储多行和多列的数据集合，是 series 的容器。使用方式如下：

```
Dataframe(columnsMap)
```

例如：

```
df=DataFrame(
    {'age':Series([21,22,23]),'name':Series(['Yubg','John','Jim'])},
    index=[0,1,2])
```

其中的数据行列位置如图 4-8 所示。

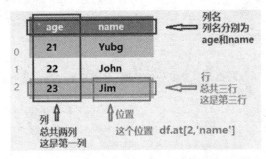

图 4-8　DataFrame 数据行列位置示例

又如：

```
from pandas import Series
from pandas import DataFrame
df=DataFrame({'age':Series([26,29,24]),'name':Series(['Ken','Jerry','Ben'])})
print(df)

   age   name
0   26    Ken
1   29  Jerry
2   24    Ben
```

注意：DataFrame 中单词的写法是首字母大写。索引不指定时也可以省略。使用数据框时，要先从 pandas 中导入 DataFrame，数据访问方式如表 4-3 所示。

表 4-3　数据框的访问方式

访问位置	方法	备注
访问列	变量名[列名]	访问对应的列。如 df['name']
访问行	变量名[n:m]	访问 n 行到 m-1 行的数据。如 df[2:3]

续表

访问位置	方法	备注
访问块(行和列)	变量名.iloc[n1:n2, m1:m2]	访问 n1 到(n2-1)行，m1 到(m2-1)列的数据。如 df.iloc[0:3, 0:2]
访问位置	变量名.at[行名, 列名]	访问(行名,列名)位置的数据。如 df.at[1, 'name']

具体示例如下：

```
A=df['age']          #获取 age 的列值
print(A)
0    26
1    29
2    24
Name: age, dtype: int64

B=df[1:2]            #获取序号是第一行的值(其实是第二行，从 0 开始的)
print(B)
   age   name
1   29   Jerry

C=df.iloc[0:2,0:2]   #获取第 0 行到 2 行(不含)与第 0 列到 2 列(不含)的块
print(C)
   age   name
0   26   Ken
1   29   Jerry

D=df.at[0,'name']    #获取第 0 行与 name 列的交叉值
print(D)
Ken
```

执行下面的代码并查看运行结果：

```
from pandas import DataFrame
df1 = DataFrame({
    'age': [21, 22, 23],
    'name': ['KEN', 'John', 'JIMI']});

df2 = DataFrame(data={
    'age': [21, 22, 23],
    'name': ['KEN', 'John', 'JIMI']
}, index=['first', 'second', 'third']);
```

```
#按列访问
df['age']
#按行访问
df1[1:2]

#按行列号访问
df1.iloc[0:1, 0:1]

#按行索引名、列名访问
df2.at["first", 'name']

#修改列名
df1.columns=['age2', 'name2']

#修改行索引
df1.index = range(1,4)

#访问指定列的值
df1[df1.columns[0:2]]  #等价于column_names=df1.columns,df1[column_names[0:2]]

#根据行索引删除
df1.drop(1, axis=0) # axis=0 是表示行轴，也可以省略

#根据列名进行删除
df1.drop('age2', axis=1)  # axis=1 表示列轴，不可省略

#第二种删除列的方法
del df1['age2']

#增加列
df1['newColumn'] = [2, 4, 6]

#增加行。这种方法效率比较低
df2.loc[len(df2)] = [24, "KENKEN"]
```

增加行的办法可以通过合并两个 DataFrame 来解决。例如：

```
df = DataFrame([[1, 2], [3, 4]], columns=list('AB'))
df
Out[46]:
   A  B
0  1  2
1  3  4
```

```
df2 = DataFrame([[5, 6], [7, 8]], columns=list('AB'))
df2
Out[47]:
   A  B
0  5  6
1  7  8

#方法一,合并两个数据框,并生成一个新的数据框,简单的"叠加",不修改index
df.append(df2)    #仅把df和df2"叠"起来了,没有修改合并后df2部分的index
Out[48]:
   A  B
0  1  2
1  3  4
0  5  6
1  7  8

#方法二,合并生成一个新的数据框,并修改index
df.append(df2, ignore_index=True)  #修改index,对df2部分重新索引了
Out[49]:
   A  B
0  1  2
1  3  4
2  5  6
3  7  8
```

4.2.3 数据导入

数据存在的形式多样,有文件(CSV、Excel、TXT)和数据库(MySQL、Access、SQL Server)等形式。

(1) 导入 TXT 文件:

```
read_table(file,names=[列名1,列名2,...],sep="",...)
```

file 为文件路径与文件名。

names 为列名,默认为文件中的第一行作为列名。

sep 为分隔符,默认为空,表示默认导入为一列。

【例 4-1】读取(导入)TXT 文件:

```
from pandas import read_table
df = read_table('E://rz1.txt',
names=['YHM','DLSJ','TCSJ','YWXT','IP','REMARK'],sep=",")
print(df)
```

```
        YHM              DLSJ  TCSJ      YWXT         IP   \
0  "S1402048" 2014-11-04 08:44:46  NaN 1.225790e+17  221.205.98.55
1   S1411023  2014-11-04 08:45:06  NaN 1.225790e+17  183.184.226.205
2   S1402048  2014-11-04 08:46:39  NaN          NaN  221.205.98.55
3   20031509  2014-11-04 08:47:41  NaN          NaN  222.31.51.200
4   S1405010  2014-11-04 08:49:03  NaN 1.225790e+17  120.207.64.3

            REMARK
0  单点登录研究生系统成功!
1  单点登录研究生系统成功!
2      用户名或密码错误。
3   统一身份用户登录成功!
4  单点登录研究生系统成功!
```

> **注意**：TXT 文本文件要保存成 UTF-8 格式才会不报错。但此例还有另外一个问题，即第一个数据带有双引号，该怎么处理？

(2) 导入 CSV 文件：

```
read_csv(file,names=[列名1,列名2,...],sep="",...)
```

file 为文件路径与文件名。

names 为列名，默认为文件中的第一行作为列名。

sep 为分隔符，默认为空，表示默认导入为一列。

【例 4-2】读取(导入)CSV 文件：

```
from pandas import read_csv
df = read_csv('E://rz20.csv',
names=['YHM','DLSJ','TCSJ','YWXT','IP','REMARK'],sep=",")
print(df)

   YHM DLSJ TCSJ  YWXT   IP REMARK
0   id band  num price  NaN    NaN
1    1  130   联通   123  159    NaN    NaN
2    2  131        124  753    NaN    NaN
3    3  132        125  456    NaN    NaN
4    4  133   电信   126  852    NaN    NaN
```

使用 read_table 命令也能执行，结果与 read_csv 一致：

```
from pandas import read_table
```

```
df = read_table('E://rz20.csv',
names=['YHM','DLSJ','TCSJ','YWXT','IP','REMARK'],sep=",")
print(df)

   YHM   DLSJ TCSJ  YWXT   IP  REMARK
0  id    band num   price NaN  NaN
1  1     130  联通   123   159 NaN  NaN
2  2     131       124   753 NaN  NaN
3  3     132       125   456 NaN  NaN
4  4     133  电信   126   852 NaN  NaN
```

(3) 导入 excel 文件：

```
read_excel(file, sheetname,header=0)
```

file 为文件路径与文件名。

sheetname 为 sheet 的名称，例如 sheet1。

header 为列名，默认为 0，文件的第一行作为列名。只接受布尔型 0 和 1。

【例 4-3】读取(导入)Excel 文件：

```
from pandas import read_excel
df = read_excel('E://rz1.xlsx',sheetname='Sheet2',header=1)
print(df)

    S1411023  2014-11-04 08:45:06  0122579031373493731  183.184.226.205  \
0   S1402048  2014-11-04 08:46:39                  NaN   221.205.98.55
1   20031509  2014-11-04 08:47:41                  NaN   222.31.51.200
2   S1405010  2014-11-04 08:49:03         1.225790e+17   120.207.64.3
3   20031509  2014-11-04 08:47:41                  NaN   222.31.51.200
4   S1405010  2014-11-04 08:49:03         1.225790e+17   120.207.64.3

   单点登录研究生系统成功！
0    用户名或密码错误。
1    统一身份用户登录成功！
2    单点登录研究生系统成功！
3    统一身份用户登录成功！
4    单点登录研究生系统成功！
```

注意：header 取 0 和 1 有差别，取 0 表示第一行作为表头显示，取 1 表示第一行丢弃，不作为表头显示。有时可以跳过首行或者读取多个表，例如：

```
df = pd.read_excel(filefullpath, sheetname=[0,2],skiprows=[0])
```

sheetname 可以指定读取几个 sheet，数目从 0 开始，如果 sheetname=[0,2]，则代表读取第 0 页和第 2 页的 sheet；skiprows=[0]代表读取时跳过第 0 行。

(4) 导入 MySQL 库：

```
read_sql(sql,con=数据库)
```

sql 为从数据库中查询数据的 SQL 语句。

con 为数据库的连接对象，需要在程序中选择创建。

示例代码如下：

```
import pandas
import MySQLdb
connection = MySQLdb.connect(
    host = '127.0.0.1',            #本机的访问地址
    user = 'root',                 #登录名
    passwd = '',                   #访问密码，此处无密码
    db = 'test',                   #访问的数据库
    port = 5029,                   #访问端口
    charset = 'utf8')              #编码格式
data = pandas.read_sql("select * from t_user;",con = connection)
                                   # t_user是test库中的表
connection.close()                 #调用完要关闭数据库
```

4.2.4 数据导出

(1) 导出 CSV 文件：

```
to_csv(file_path,sep= ", ",index=TRUE,header=TRUE)
```

file_path 为文件路径。

sep 为分隔符，默认是逗号。

index 代表是否导出行序号，默认是 TRUE，导出行序号。

header 代表是否导出列名，默认是 TRUE，导出列名。

【例 4-4】导出 CSV 文件：

```
from pandas import DataFrame
from pandas import Series
df = DataFrame(
    {'age':Series([26,85,64]),'name':Series(['Ben','John','Jerry'])})
print(df)

  age   name
```

```
0    26    Ben
1    85    John
2    64    Jerry

df.to_csv('e:\\01.csv')                          #默认带上 index
df.to_csv('e:\\02.csv',index=False)              #无 index
```

结果如图 4-9 所示。

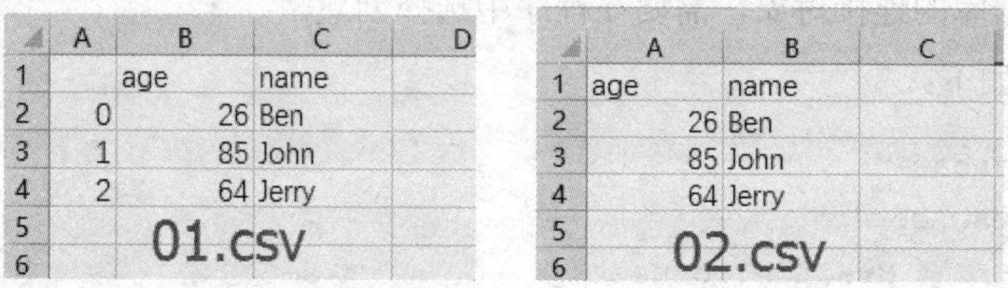

图 4-9 导出数据 01.csv 和 02.csv 的结果

(2) 导出 Excel 文件：

```
to_excel(file_path, index=TRUE,header=TRUE)
```

file_path 为文件路径。

index 表示是否导出行序号，默认是 TRUE，导出行序号。

header 表示是否导出列名，默认是 TRUE，导出列名。

【例 4-5】导出 Excel 文件：

```
from pandas import DataFrame
from pandas import Series
df = DataFrame(
    {'age':Series([26,85,64]),
    'name':Series(['Ben','John','Jerry'])})
df.to_excel('e:\\01.xlsx')                       #默认带上 index
df.to_excel('e:\\02.xlsx',index=False)           #无 index
```

结果如图 4-10 所示。

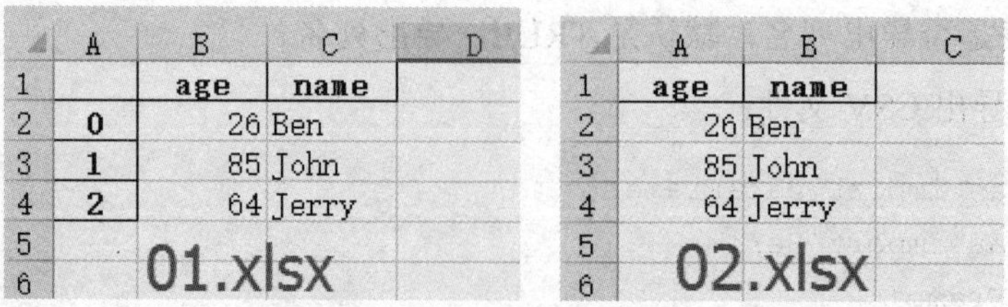

图 4-10 导出数据 01.xlsx 和 02.xlsx 结果图

💡 注意： 凡是在 Python 2.7 中要写中文字符串的地方，都要在前面加 u。在 to_csv 里，就要多加 encoding = 'UTF8' 这个参数；若要用 Excel 直接打开，那么

encoding = "GBK"，或者 encoding = "GB2312"，因 Excel 默认的是这种编码。在 Python 3.4 后就不需要了。

(3) 导出到 MySQL 库：

`to_sql(tableName, con=数据库链接)`

tableName 为数据库中的表名。

con 表示数据库的连接对象，需要在程序中选择创建。

示例代码如下：

```python
# -*- coding: utf-8 -*-
import MySQLdb
from pandas import DataFrame

connection = MySQLdb.connect(
    host='127.0.0.1',
    port=5029,
    user='root',
    passwd='',
    db='test',
    charset='utf8')

connection.autocommit(True)  #自动递交数据连接
df = DataFrame({
    'age': [30, 22, 43],
    'name': ['Jhon', 'jerry', 'Ben']
    });
df.to_sql("table_1", connection, flavor='mysql', if_exists='append')
            #导入 MySQL 数据库 test 库下的 table_1 表中，以 append 追加的模式
connection.close()
```

4.3 数据处理

4.3.1 数据清洗

数据分析的第一步是提高数据质量。数据清洗就是处理缺失数据以及清除无意义的信息。这是数据价值链中最关键的步骤。垃圾数据，即使是通过最好的分析，也将产生错误的结果，并误导业务本身。因此在数据分析过程中，数据清洗占据了很大的工作量。

1. 重复值的处理

drop_duplicates()：把数据结构中行相同的数据去除(保留其中的一行)。

【例4-6】数据去重：

```
from pandas import DataFrame
from pandas import read_excel
df = read_excel('e://rz2.xlsx')
df
Out[1]:
        YHM         TCSJ          YWXT              IP  \
0    S1402048    18922254812    1.225790e+17    221.205.98.55
1    S1411023    13522255003    1.225790e+17    183.184.226.205
2    S1402048    13422259938            NaN    221.205.98.55
3    20031509    18822256753            NaN    222.31.51.200
4    S1405010    18922253721    1.225790e+17    120.207.64.3
5    20140007            NaN    1.225790e+17    222.31.51.200
6    S1404095    13822254373    1.225790e+17    222.31.59.220
7    S1402048    13322252452    1.225790e+17    221.205.98.55
8    S1405011    18922257681    1.225790e+17    183.184.230.38
9    S1402048    13322252452    1.225790e+17    221.205.98.55
10   S1405011    18922257681    1.225790e+17    183.184.230.38


newDF=df.drop_duplicates()
newDF
Out[2]:
        YHM         TCSJ          YWXT              IP
0    S1402048    18922254812    1.225790e+17    221.205.98.55
1    S1411023    13522255003    1.225790e+17    183.184.226.205
2    S1402048    13422259938            NaN    221.205.98.55
3    20031509    18822256753            NaN    222.31.51.200
4    S1405010    18922253721    1.225790e+17    120.207.64.3
5    20140007            NaN    1.225790e+17    222.31.51.200
6    S1404095    13822254373    1.225790e+17    222.31.59.220
7    S1402048    13322252452    1.225790e+17    221.205.98.55
8    S1405011    18922257681    1.225790e+17    183.184.230.38
```

在上面的 df 中，第 7 行和第 9 行数据相同，第 8 和第 10 行数据相同，去重后，第 7、9 和 8、10 各保留一行数据。

2．缺失值处理

对于缺失数据的处理方式有数据补齐、删除对应行、不处理等方法。

(1) dropna()：去除数据结构中值为空的数据行。

【例4-7】删除数据为空所对应的行：

```
from pandas import DataFrame
from pandas import read_excel
df = read_excel('e://rz2.xlsx')
newDF=df.dropna()
newDF
Out[3]:
        YHM        TCSJ          YWXT              IP   \
0   S1402048   18922254812   1.225790e+17    221.205.98.55
1   S1411023   13522255003   1.225790e+17    183.184.226.205
4   S1405010   18922253721   1.225790e+17    120.207.64.3
6   S1404095   13822254373   1.225790e+17    222.31.59.220
7   S1402048   13322252452   1.225790e+17    221.205.98.55
8   S1405011   18922257681   1.225790e+17    183.184.230.38
9   S1402048   13322252452   1.225790e+17    221.205.98.55
10  S1405011   18922257681   1.225790e+17    183.184.230.38
```

例中的 2、3、5 行有空值 NaN，已经被删除。

(2) df.fillna()：用其他数值替代 NaN。

有些时候，空数据直接删除会影响分析的结果，可以对数据进行填补。

【例 4-8】使用数值或者任意字符替代缺失值：

```
from pandas import DataFrame
from pandas import read_excel
df = read_excel('e://rz2.xlsx')
df.fillna('?')
Out[4]:
        YHM         TCSJ          YWXT              IP              DLSJ
0   S1402048   1.89223e+10   1.22579e+17    221.205.98.55    2014-11-04 08:44:46
1   S1411023   1.35223e+10   1.22579e+17    183.184.226.205  2014-11-04 08:45:06
2   S1402048   1.34223e+10             ?    221.205.98.55    2014-11-04 08:46:39
3   20031509   1.88223e+10             ?    222.31.51.200    2014-11-04 08:47:41
4   S1405010   1.89223e+10   1.22579e+17    120.207.64.3     2014-11-04 08:49:03
5   20140007             ?   1.22579e+17    222.31.51.200    2014-11-04 08:50:06
6   S1404095   1.38223e+10   1.22579e+17    222.31.59.220    2014-11-04 08:50:02
7   S1402048   1.33223e+10   1.22579e+17    221.205.98.55    2014-11-04 08:49:18
8   S1405011   1.89223e+10   1.22579e+17    183.184.230.38   2014-11-04 08:14:55
9   S1402048   1.33223e+10   1.22579e+17    221.205.98.55    2014-11-04 08:49:18
10  S1405011   1.89223e+10   1.22579e+17    183.184.230.38   2014-11-04 08:14:55
```

如 2、3、5 行有空，用?替代了缺失值。

(3) df.fillna(method='pad')：用前一个数据值替代 NaN。

【例 4-9】用前一个数据值替代缺失值：

```
from pandas import DataFrame
from pandas import read_excel
df = read_excel('e://rz2.xlsx')
df.fillna(method='pad')
Out[5]:
      YHM       TCSJ          YWXT           IP              DLSJ
0   S1402048  18922254812  1.225790e+17  221.205.98.55    2014-11-04 08:44:46
1   S1411023  13522255003  1.225790e+17  183.184.226.205  2014-11-04 08:45:06
2   S1402048  13422259938  1.225790e+17  221.205.98.55    2014-11-04 08:46:39
3   20031509  18822256753  1.225790e+17  222.31.51.200    2014-11-04 08:47:41
4   S1405010  18922253721  1.225790e+17  120.207.64.3     2014-11-04 08:49:03
5   20140007  18922253721  1.225790e+17  222.31.51.200    2014-11-04 08:50:06
6   S1404095  13822254373  1.225790e+17  222.31.59.220    2014-11-04 08:50:02
7   S1402048  13322252452  1.225790e+17  221.205.98.55    2014-11-04 08:49:18
8   S1405011  18922257681  1.225790e+17  183.184.230.38   2014-11-04 08:14:55
9   S1402048  13322252452  1.225790e+17  221.205.98.55    2014-11-04 08:49:18
10  S1405011  18922257681  1.225790e+17  183.184.230.38   2014-11-04 08:14:55
```

(4) df.fillna(method='bfill')：用后一个数据值替代 NaN。

与 pad 相反，bfill 表示用后一个数据代替 NaN。可以用 limit 限制每列可以替代 NaN 的数目。

【例 4-10】 用后一个数据值替代 NaN：

```
from pandas import DataFrame
from pandas import read_excel
df = read_excel('e://rz2.xlsx')
df.fillna(method='bfill')
Out[6]:
      YHM       TCSJ          YWXT           IP              DLSJ
0   S1402048  18922254812  1.225790e+17  221.205.98.55    2014-11-04 08:44:46
1   S1411023  13522255003  1.225790e+17  183.184.226.205  2014-11-04 08:45:06
2   S1402048  13422259938  1.225790e+17  221.205.98.55    2014-11-04 08:46:39
3   20031509  18822256753  1.225790e+17  222.31.51.200    2014-11-04 08:47:41
4   S1405010  18922253721  1.225790e+17  120.207.64.3     2014-11-04 08:49:03
5   20140007  13822254373  1.225790e+17  222.31.51.200    2014-11-04 08:50:06
6   S1404095  13822254373  1.225790e+17  222.31.59.220    2014-11-04 08:50:02
7   S1402048  13322252452  1.225790e+17  221.205.98.55    2014-11-04 08:49:18
8   S1405011  18922257681  1.225790e+17  183.184.230.38   2014-11-04 08:14:55
9   S1402048  13322252452  1.225790e+17  221.205.98.55    2014-11-04 08:49:18
10  S1405011  18922257681  1.225790e+17  183.184.230.38   2014-11-04 08:14:55
```

(5) df.fillna(df.mean())：用平均数或者其他描述性统计量来代替 NaN。

【例 4-11】 使用均值来填补数据：

```
from pandas import DataFrame
from pandas import read_excel
df = read_excel('e://rz2_0.xlsx')
df
Out[7]:
   No  math  physical  Chinese
0   1    76        85       78
1   2    85        56      NaN
2   3    76        95       85
3   4   NaN        75       58
4   5    87        52       68

df.fillna(df.mean())
Out[8]:
   No  math  physical  Chinese
0   1    76        85    78.00
1   2    85        56    72.25
2   3    76        95    85.00
3   4    81        75    58.00
4   5    87        52    68.00
```

(6) df.fillna(df.mean()[math: physical]): 选择列进行缺失值的处理。

【例 4-12】为某列使用该列的均值来填补数据:

```
from pandas import DataFrame
from pandas import read_excel
df = read_excel('e://rz2_0.xlsx')
df.fillna(df.mean()['math':'physical'])
Out[9]:
   No  math  physical  Chinese
0   1    76        85       78
1   2    85        56      NaN
2   3    76        95       85
3   4    81        75       58
4   5    87        52       68
```

(7) strip(): 清除字符型数据左右(首尾)指定的字符，默认为空格，中间的不清除。

【例 4-13】删除字符串左右或首位指定的字符:

```
from pandas import DataFrame
from pandas import read_excel
df = read_excel('e://rz2.xlsx')
newDF=df['IP'].str.strip()    #因为IP是一个对象，所以先转为str
newDF
```

```
Out[4]:
0         221.205.98.55
1       183.184.226.205
2         221.205.98.55
3         222.31.51.200
4          120.207.64.3
5         222.31.51.200
6         222.31.59.220
7         221.205.98.55
8        183.184.230.38
9         221.205.98.55
10       183.184.230.38
Name: IP, dtype: object
```

4.3.2 数据抽取

(1) 字段抽取——抽出某列上指定位置的数据，做成新的列：

```
slice(start,stop)
```

start 为开始位置。

stop 为结束位置。

【例 4-14】从数据中抽出某列：

```
from pandas import DataFrame
from pandas import read_excel
df = read_excel('e://rz2.xlsx')
df['TCSJ']=df['TCSJ'].astype(str)      # astype()转化类型
df['TCSJ']
Out[1]:
0      18922254812
1      13522255003
2      13422259938
3      18822256753
4      18922253721
5              nan
6      13822254373
7      13322252452
8      18922257681
9      13322252452
10     18922257681
Name: TCSJ, dtype: object
```

```
bands = df['TCSJ'].str.slice(0,3)
bands
Out[2]:
0     189
1     135
2     134
3     188
4     189
5     nan
6     138
7     133
8     189
9     133
10    189
Name: TCSJ, dtype: object

areas= df['TCSJ'].str.slice(3,7);
areas
Out[3]:
0     2225
1     2225
2     2225
3     2225
4     2225
5
6     2225
7     2225
8     2225
9     2225
10    2225
Name: TCSJ, dtype: object

tell= df['TCSJ'].str.slice(7,11);
tell
Out[4]:
0     4812
1     5003
2     9938
3     6753
4     3721
5
6     4373
7     2452
```

```
8       7681
9       2452
10      7681
Name: TCSJ, dtype: object
```

(2) 字段拆分——按指定的字符 sep，拆分已有的字符串：

```
split(sep,n,expand=False)
```

sep 是用于分隔字符串的分隔符。

n 为分割后新增的列数。

expand 代表是否展开为数据框，默认为 False。

- 返回值：expand 为 True，返回 DaraFrame；为 False 返回 Series。

【例 4-15】拆分字符串为指定的列数：

```
from pandas import DataFrame
from pandas import read_excel
df = read_excel('e://rz2.xlsx')
newDF=df['IP'].str.strip()      #IP 先转为 str，再删除首位空格
newDF=df['IP'].str.split('.',1,True)   #按第一个'.'分成两列，1 表示新增的列数
newDF
Out[1]:
          0            1
0        221      205.98.55
1        183      184.226.205
2        221      205.98.55
3        222      31.51.200
4        120      207.64.3
5        222      31.51.200
6        222      31.59.220
7        221      205.98.55
8        183      184.230.38
9        221      205.98.55
10       183      184.230.38

newDF.columns = ['IP1','IP2-4']   #给第一第二列增加列名称
newDF
Out[2]:
         IP1        IP2-4
0        221      205.98.55
1        183      184.226.205
2        221      205.98.55
3        222      31.51.200
```

4	120	207.64.3
5	222	31.51.200
6	222	31.59.220
7	221	205.98.55
8	183	184.230.38
9	221	205.98.55
10	183	184.230.38

(3) **记录抽取**——是指根据一定的条件，对数据进行抽取。

```
dataframe[condition]
```

condition 为过滤条件。

返回值：DataFrame。

常用的 condition 类型如下。

比较运算：<、>、>=、<=、!=，如 df[df.comments>10000)]。

范围运算：between(left,right)，如 df[df.comments.between(1000,10000)]。

空置运算：pandas.isnull(column)，如 df[df.title.isnull()]。

字符匹配：str.contains(patten, na=False)，如 df[df.title.str.contains('电台', na=False)]。

逻辑运算：&(与)、|(或)、not(取反)，如：

```
df[(df.comments>=1000)&(df.comments<=10000)]
```

上面这一句跟 df[df.comments.between(1000,10000)]等价。

【例 4-16】按条件抽取数据：

```
import pandas
from pandas import read_excel
df = read_excel('e://rz2.xlsx')
df[df.TCSJ==13322252452]
Out[2]:
        YHM         TCSJ           YWXT              IP
7    S1402048   13322252452    1.225790e+17    221.205.98.55
9    S1402048   13322252452    1.225790e+17    221.205.98.55

df[df.TCSJ>13500000000]
Out[3]:
        YHM         TCSJ           YWXT              IP     \
0    S1402048   18922254812    1.225790e+17    221.205.98.55
1    S1411023   13522255003    1.225790e+17    183.184.226.205
3    20031509   18822256753           NaN     222.31.51.200
4    S1405010   18922253721    1.225790e+17    120.207.64.3
```

```
    YHM      TCSJ         YWXT          IP
6   S1404095 13822254373  1.225790e+17  222.31.59.220
8   S1405011 18922257681  1.225790e+17  183.184.230.38
10  S1405011 18922257681  1.225790e+17  183.184.230.38

              DLSJ
0   2014-11-04 08:44:46
1   2014-11-04 08:45:06
3   2014-11-04 08:47:41
4   2014-11-04 08:49:03
6   2014-11-04 08:50:02
8   2014-11-04 08:14:55
10  2014-11-04 08:14:55
```

```
df[df.TCSJ.between(13400000000,13999999999)]
Out[4]:
    YHM      TCSJ         YWXT          IP              DLSJ
1   S1411023 13522255003  1.225790e+17  183.184.226.205 2014-11-04 08:45:06
2   S1402048 13422259938          NaN   221.205.98.55   2014-11-04 08:46:39
6   S1404095 13822254373  1.225790e+17  222.31.59.220   2014-11-04 08:50:02
```

```
df[df.YWXT.isnull()]
Out[5]:
    YHM      TCSJ         YWXT  IP              DLSJ
2   S1402048 13422259938  NaN   221.205.98.55   2014-11-04 08:46:39
3   20031509 18822256753  NaN   222.31.51.200   2014-11-04 08:47:41
```

```
df[df.IP.str.contains('222.',na=False)]
Out[6]:
    YHM      TCSJ         YWXT          IP              DLSJ
3   20031509 18822256753  NaN           222.31.51.200   2014-11-04 08:47:41
5   20140007 NaN          1.225790e+17  222.31.51.200   2014-11-04 08:50:06
6   S1404095 13822254373  1.225790e+17  222.31.59.220   2014-11-04 08:50:02
```

(4) **随机抽样**——是指随机从数据中按照一定的行数或者比例抽取数据:

```
numpy.random.randint(start,end,num)
```

start 为范围的开始值。

end 为范围的结束值。

num 为抽样个数。

返回值: 行的索引值序列。

【例 4-17】随机抽取数据:

```
import numpy
import pandas
from pandas import read_excel
df = read_excel('e://rz2.xlsx')
df
Out[1]:
      YHM        TCSJ         YWXT           IP            DLSJ
0  S1402048  18922254812  1.225790e+17  221.205.98.55   2014-11-4 8:44
1  S1411023  13522255003  1.225790e+17  183.184.226.205 2014-11-4 8:45
2  S1402048  13422259938         NaN    221.205.98.55   2014-11-4 8:46
3  20031509  18822256753         NaN    222.31.51.200   2014-11-4 8:47
4  S1405010  18922253721  1.225790e+17  120.207.64.3    2014-11-4 8:49
5  20140007         NaN   1.225790e+17  222.31.51.200   2014-11-4 8:50
6  S1404095  13822254373  1.225790e+17  222.31.59.220   2014-11-4 8:50
7  S1402048  13322252452  1.225790e+17  221.205.98.55   2014-11-4 8:49
8  S1405011  18922257681  1.225790e+17  183.184.230.38  2014-11-4 8:14
9  S1402048  13322252452  1.225790e+17  221.205.98.55   2014-11-4 8:49
10 S1405011  18922257681  1.225790e+17  183.184.230.38  2014-11-4 8:14

r = numpy.random.randint(0,10,3)
r
Out[2]: array([8, 2, 9])

df.loc[r,:]    #抽取 r 行数据
Out[3]:
     YHM        TCSJ         YWXT           IP            DLSJ
8  S1405011  18922257681  1.225790e+17  183.184.230.38  2014-11-04 08:14:55
2  S1402048  13422259938         NaN    221.205.98.55   2014-11-04 08:46:39
9  S1402048  13322252452  1.225790e+17  221.205.98.55   2014-11-04 08:49:18
```

如下我们来说明如何按照指定条件抽取数据。

① 使用 index 标签选取数据：df.loc[行标签,列标签]。例如：

```
df.loc['a':'b']        #选取 ab 两行数据，假设 a、b 为行索引
df.loc[:,'TCSJ']       #选取 TCSJ 列的数据
```

df.loc 的第一个参数是行标签，第二个参数为列标签(可选参数，默认为所有列标签)，两个参数既可以是列表，也可以是单个字符，如果两个参数都为列表，则返回的是 DataFrame，否则为 Series。

② 使用切片位置选取数据：df.iloc[行位置,列位置]。例如：

```
df.iloc[1,1]           #选取第二行，第二列的值，返回的为单个值
df.iloc[[0,2],:]       #选取第一行和第三行的数据
```

```
df.iloc[0:2,:]        #选取第一行到第三行(不包含)的数据
df.iloc[:,1]          #选取所有记录的第一列的值，返回的为一个Series
df.iloc[1,:]          #选取第一行数据，返回的为一个Series
```

> **说明**： loc 为 location 的缩写，iloc 则为 integer & location 的缩写。更广义的切片方式是使用.ix，它自动根据给出的索引类型判断是使用位置还是标签进行切片。即 iloc 为整型索引；loc 为字符串索引；ix 是 iloc 和 loc 的合体。

Python 默认的行序号是从 0 开始的，我们称为**行位置**；但实际上 0 开始的行我们在计数时为第 1 行，也称为**行号**，是从 1 开始的；有时 index 是被命名的，如'one'、'two'、'three'、'four'或'a'、'b'、'c'、'd'等字符串，我们称其为**标签**。loc 索引的是行号、标签，不是行位置，如下例中 df2.loc[1]索引的是第一行(行号为 1)，其实位置为 0 行；iloc 索引的是位置，不能是标签或行号；ix 则三者皆可。

```
import pandas as pd
index_loc = ['a','b']
index_iloc = [1,2]
data = [[1,2,3,4],[5,6,7,8]]
columns = ['one','two','three','four']
df1 = pd.DataFrame(data=data,index=index_loc,columns=columns)
df2 = pd.DataFrame(data=data,index=index_iloc,columns=columns)

print(df1.loc['a'])
one      1
two      2
three    3
four     4
Name: a, dtype: int64

print(df1.iloc['a'])    #iloc不能索引字符串
Traceback (most recent call last):
TypeError: cannot do label indexing on <class 'pandas.core.index.Index'>
with these indexers [a] of <class 'str'>

print(df2.iloc[1])      #iloc索引的是行位置
one      5
two      6
three    7
four     8
Name: 2, dtype: int64

print(df2.loc[1])    #loc[1]索引的是行号,的对应的行位置为0行
```

```
one      1
two      2
three    3
four     4
Name: 1, dtype: int64

print(df1.ix[0])
one      1
two      2
three    3
four     4
Name: a, dtype: int64

print(df1.ix['a'])
one      1
two      2
three    3
four     4
Name: a, dtype: int64
```

③ 通过逻辑指针进行数据切片：df[逻辑条件]。例如：

```
df[df.TCSJ >= 18822256753]                              #单个逻辑条件
df[(df.TCSJ >=13422259938)&(df.TCSJ < 13822254373)]    #多个逻辑条件组合
```

这种方式获取的数据切片都是 DataFrame。例如：

```
df[df.TCSJ >= 18822256753]
Out[14]:
      YHM       TCSJ        YWXT         IP              DLSJ
0   S1402048 18922254812 1.225790e+17 221.205.98.55  2014-11-04 08:44:46
3   20031509 18822256753         NaN 222.31.51.200  2014-11-04 08:47:41
4   S1405010 18922253721 1.225790e+17 120.207.64.3   2014-11-04 08:49:03
8   S1405011 18922257681 1.225790e+17 183.184.230.38 2014-11-04 08:14:55
10  S1405011 18922257681 1.225790e+17 183.184.230.38 2014-11-04 08:14:55
```

(5) **字典数据**——将字典数据抽取为 dataframe，有三种方法：

```
import pandas
from pandas import DataFrame

#1. 字典的 key 和 value 各作为一列
d1={'a':'[1,2,3]','b':'[0,1,2]'}
a1=pandas.DataFrame.from_dict(d1, orient='index')
  #将字典转化为 dataframe，且 key 列做成了 index
a1.index.name = 'key'   #将 index 的列名改成'key'
```

```
b1=a1.reset_index()      #重新增加index,并将原index做成了'key'列
b1.columns=['key','value']    #对列重新命名为'key'和'value'
b1
Out[1]:
   key  value
0   b   [0,1,2]
1   a   [1,2,3]


#2. 字典里的每一个元素作为一列(同长)
d2={'a':[1,2,3],'b':[4,5,6]}      #字典的value必须长度相等
a2= DataFrame(d2)
a2
Out[2]:
   a  b
0  1  4
1  2  5
2  3  6


#3. 字典里的每一个元素作为一列(不同长)
d = {'one' : pandas.Series([1,2,3]),'two' : pandas.Series([1,2,3,4])}
   #字典的value长度可以不相等
df = pandas.DataFrame(d)
df
Out[3]:
   one  two
0  1.0   1
1  2.0   2
2  3.0   3
3  NaN   4
```

也可以像下面这样处理:

```
import pandas
from pandas import Series
import numpy as np
from pandas import DataFrame

d = dict( A = np.array([1,2]), B = np.array([1,2,3,4]) )
DataFrame(dict([(k,Series(v)) for k,v in d.items()]))

Out[4]:
     A    B
0  1.0   1
1  2.0   2
```

```
2  NaN  3
3  NaN  4
```

还可以处理如下：

```
import numpy as np
import pandas as pd

my_dict = dict(A = np.array([1,2]), B = np.array([1,2,3,4]))
df = pd.DataFrame.from_dict(my_dict, orient='index').T
df
Out[5]:
     A    B
0  1.0  1.0
1  2.0  2.0
2  NaN  3.0
3  NaN  4.0
```

4.3.3 排名索引

1. 排名排序

Series 的 sort_index(ascending=True)方法可以对 index 进行排序操作，ascending 参数用于控制升序或降序，默认为升序。

在 DataFrame 上，.sort_index(axis=0, by=None, ascending=True)方法多了一个轴向的选择参数，以及一个 by 参数，by 参数的作用，是针对某一(些)列进行排序(不能对行使用 by 参数)。

例如：

```
from pandas import DataFrame
df0={'Ohio':[0,6,3],'Texas':[7,4,1],'California':[2,8,5]}
df=DataFrame(df0,index=['a','c','d'])
df
Out[1]:
   California  Ohio  Texas
a           2     0      7
c           8     6      4
d           5     3      1


df.sort_index(by='Ohio')

Out[2]:
```

```
    California  Ohio  Texas
a        2       0      7
d        5       3      1
c        8       6      4

df.sort_index(by=['California','Texas'])
Out[3]:
    California  Ohio  Texas
a        2       0      7
d        5       3      1
c        8       6      4

df.sort_index(axis=1)
Out[4]:
    California  Ohio  Texas
a        2       0      7
c        8       6      4
d        5       3      1
```

排名(Series.rank(method='average', ascending=True))的作用与排序的不同之处在于，它会把对象的 values 替换成名次(从 1 到 n)，对于平级项，可以通过方法里的 method 参数来处理，method 参数有 4 个可选项：average、min、max、first。举例如下：

```
>>> ser=Series([3,2,0,3],index=list('abcd'))
>>> ser
a    3
b    2
c    0
d    3
dtype: int64
>>> ser.rank()
a    3.5
b    2.0
c    1.0
d    3.5
dtype: float64
>>> ser.rank(method='min')
a    3
b    2
c    1
d    3
dtype: float64
>>> ser.rank(method='max')
```

```
a    4
b    2
c    1
d    4
dtype: float64
>>> ser.rank(method='first')
a    3
b    2
c    1
d    4
dtype: float64
>>>
```

> 💡 **注意：** 在 ser[0]和 ser[3]这对平级项上，不同 method 参数表现出的不同名次。DataFrame 的.rank(axis=0, method='average', ascending=True)方法多了 axis 参数，可选择按行或者按列分别进行排名，暂时好像没有针对全部元素的排名方法。

2．重新索引

Series 对象的重新索引通过其 .reindex(index=None,**kwargs)方法来实现。**kwargs 中常用的参数有两个：method=None 和 fill_value=np.NaN。

例如：

```
>>>from pandas import Series
>>>ser = Series([4.5,7.2,-5.3,3.6],index=['d','b','a','c'])
>>> A = ['a','b','c','d','e']
>>> ser.reindex(A)
a   -5.3
b    7.2
c    3.6
d    4.5
e    NaN
dtype: float64
>>> ser = ser.reindex(A,fill_value=0)
a   -5.3
b    7.2
c    3.6
d    4.5
e    0.0
dtype: float64
>>> ser.reindex(A,method='ffill')
```

```
a   -5.3
b    7.2
c    3.6
d    4.5
e    4.5
dtype: float64
>>> ser.reindex(A,fill_value=0,method='ffill')
a   -5.3
b    7.2
c    3.6
d    4.5
e    4.5
dtype: float64
>>>
```

.reindex()方法会返回一个新对象,其 index 严格遵循给出的参数,method:{'backfill','bfill','pad','ffill',None}参数用于指定插值(填充)方式,当没有给出时,默认用 fill_value 填充,值为 NaN(ffill = pad,bfill = back fill,分别指插值时向前还是向后取值)。

DataFrame 对象的重新索引方法.reindex(index=None,columns=None,**kwargs) 仅比 Series 多了一个可选的 columns 参数,用于给列索引。用法与上例 Series 类似,只不过插值方法 method 参数只能应用于行,即轴 axis = 0。

例如:

```
>>> state = ['Texas','Utha','California']
>>> df.reindex(columns=state,method='ffill')
   Texas  Utha  California
a    1    NaN      2
c    4    NaN      5
d    7    NaN      8

[3 rows x 3 columns]
>>> df.reindex(index=['a','b','c','d'],columns=state,method='ffill')
   Texas  Utha  California
a    1    NaN      2
b    1    NaN      2
c    4    NaN      5
d    7    NaN      8

[4 rows x 3 columns]
>>>
```

可不可以通过 df.T.reindex(index,method='**').T 这样的方式来实现在列上的插值呢?

答案是肯定的。另外要注意，使用 reindex(index,method='**')的时候，index 必须是单调的，否则就会引发一个 ValueError: Must be monotonic for forward fill，比如上例中的最后一次调用，如果使用 index=['a','b','d','c']，就会报错。

4.3.4 数据合并

(1) **记录合并**——是指两个结构相同的数据框合并成一个数据框，也就是在一个数据框中追加另一个数据框的数据记录：

```
concat([dataFrame1, dataFrame2, ...])
```

dataFrame1 为数据框。

返回值：DataFrame。

【例 4-18】合并两个数据框，即合并记录：

```
import pandas
from pandas import DataFrame
from pandas import read_excel

df1 = read_excel('e://rz2.xlsx')
df1
Out[1]:
        YHM        TCSJ          YWXT              IP
0    S1402048   18922254812   1.225790e+17      221.205.98.55
1    S1411023   13522255003   1.225790e+17      183.184.226.205
2    S1402048   13422259938        NaN          221.205.98.55
3    20031509   18822256753        NaN          222.31.51.200
4    S1405010   18922253721   1.225790e+17      120.207.64.3
5    20140007   13422259313   1.225790e+17      222.31.51.200
6    S1404095   13822254373   1.225790e+17      222.31.59.220
7    S1402048   13322252452   1.225790e+17      221.205.98.55
8    S1405011   18922257681   1.225790e+17      183.184.230.38
9    S1402048   13322252452   1.225790e+17      221.205.98.55
10   S1405011   18922257681   1.225790e+17      183.184.230.38

df2 = read_excel('e://rz3.xlsx')
df2
Out[2]:
        YHM        TCSJ          YWXT              IP
0    S1402011   18603514812   1.225790e+17      221.205.98.55
1    S1411022   13103515003   1.225790e+17      183.184.226.205
2    S1402033   13203559930        NaN          221.205.98.55
```

```
df=pandas.concat([df1,df2])
df
Out[3]:
       YHM         TCSJ          YWXT              IP
0    S1402048   18922254812   1.225790e+17    221.205.98.55
1    S1411023   13522255003   1.225790e+17    183.184.226.205
2    S1402048   13422259938        NaN        221.205.98.55
3    20031509   18822256753        NaN        222.31.51.200
4    S1405010   18922253721   1.225790e+17    120.207.64.3
5    20140007   13422259313   1.225790e+17    222.31.51.200
6    S1404095   13822254373   1.225790e+17    222.31.59.220
7    S1402048   13322252452   1.225790e+17    221.205.98.55
8    S1405011   18922257681   1.225790e+17    183.184.230.38
9    S1402048   13322252452   1.225790e+17    221.205.98.55
10   S1405011   18922257681   1.225790e+17    183.184.230.38
0    S1402011   18603514812   1.225790e+17    221.205.98.55
1    S1411022   13103515003   1.225790e+17    183.184.226.205
2    S1402033   13203559930        NaN        221.205.98.55
```

两个文件的数据记录都合并到一起了，实现了数据记录的"叠加"或者记录顺延。

(2) 字段合并——是指对同一个数据框中不同的列进行合并，形成新的列。

X = x1+x2+...

x1 为数据列 1。

x2 为数据列 2。

返回值：Series，合并后的系列。要求合并的系列长度一致。

【例 4-19】多个字段合并成一个新的字段：

```
import pandas
from pandas import DataFrame
from pandas import read_csv

df = read_csv('e://rz4.csv',sep=" ",names=['band','area','num'])
df
Out[1]:
   band  area  num
0   189  2225  4812
1   135  2225  5003
2   134  2225  9938
3   188  2225  6753
4   189  2225  3721
```

```
5    134   2225   9313
6    138   2225   4373
7    133   2225   2452
8    189   2225   7681

df = df.astype(str)
tel=df['band']+df['area']+df['num']
tel
Out[2]:
0    18922254812
1    13522255003
2    13422259938
3    18822256753
4    18922253721
5    13422259313
6    13822254373
7    13322252452
8    18922257681
dtype: object
```

(3) 字段匹配——是指不同结构的数据框(两个或两个以上的数据框)，按照一定的条件进行合并，即追加列：

```
merge(x,y,left_on,right_on)
```

x 是第一个数据框。

y 是第二个数据框。

left_on 是第一个数据框的用于匹配的列。

right_on 是第二个数据框的用于匹配的列。

返回值：DataFrame。

【例 4-20】按指定唯一字段匹配增加列：

```
import pandas
from pandas import DataFrame
from pandas import read_excel
df1 = read_excel('e://rz2.xlsx',sheetname='Sheet3')
df1
Out[1]:
   id  band  num
0   1   130  123
1   2   131  124
2   4   133  125
3   5   134  126
```

```
df2 = read_excel('e://rz2.xlsx',sheetname='Sheet4')
df2
Out[2]:
   id  band  area
0  1   130   351
1  2   131   352
2  3   132   353
3  4   133   354
4  5   134   355
5  5   135   356

pandas.merge(df1,df2,left_on='id',right_on='id')
Out[3]:
   id  band_x  num  band_y  area
0  1   130     123  130     351
1  2   131     124  131     352
2  4   133     125  133     354
3  5   134     126  134     355
4  5   134     126  135     356
```

这里只匹配了有相同序号的行,如 df1 中没有 id=3,在结果中也没有 id=3,但是在 df2 中有两个 id=5,在结果中也有两个 id=5,但是只匹配第一个 id=5。

4.3.5 数据计算

(1) 简单计算——通过对各字段进行加、减、乘、除等四则算术运算,计算出的结果作为新的字段,如表 4-4 所示。

表 4-4 字段之间的运算结果作为新的字段

id	num	price		id	num	price	result
1	123	159		1	123	159	19557
2	124	753		2	124	753	93372
3	125	456		3	125	456	57000
4	126	852		4	126	852	107352

例如:

```
from pandas import read_csv
df = read_csv('e://rz2.csv',sep=',')
df
Out[1]:
   id  band  num  price
0  1   130   123  159
```

```
1  2  131  124  753
2  3  132  125  456
3  4  133  126  852

result=df.price*df.num
result
Out[2]:
0      19557
1      93372
2      57000
3     107352
dtype: int64

df['result']=result
df
Out[3]:
   id  band  num  price  result
0   1   130  123    159   19557
1   2   131  124    753   93372
2   3   132  125    456   57000
3   4   133  126    852  107352
```

(2) **数据标准化**——是指将数据按照比例缩放，使之落入特定的区间，一般使用 0~1 的区间来标准化：

```
X*=(x-min)/(max-min)
```

例如：

```
from pandas import read_csv

df = read_csv('e://rz2.csv',sep=',')
df
Out[1]:
   id  band  num  price
0   1   130  123    159
1   2   131  124    753
2   3   132  125    456
3   4   133  126    852

scale=(df.price-df.price.min())/(df.price.max()-df.price.min())
scale
Out[2]:
0    0.000000
```

```
1    0.857143
2    0.428571
3    1.000000
Name: price, dtype: float64
```

4.3.6 数据分组

数据分组是根据数据分析对象的特征，按照一定的数据指标，把数据划分为不同的区间来进行研究，以揭示其内在的联系和规律性。简单地说：就是新增一列，将原来的数据按照其性质归入新的类别中。数据分组的语法如下：

cut(series,bins,right=True,labels=NULL)

series 为需要分组的数据。

bins 为分组的依据数据。

right 为分组的时候右边是否闭合。

labels 为分组的自定义标签，可以不自定义。

例如，现有数据如表 4-5 所示，将数据进行分组。

表 4-5 数据分组

序号	品牌	数据	价格
1	130	123	159
2	131	124	753
3	132	125	456
4	133	126	852

序号	品牌	数据	价格	类别
1	130	123	159	500 以下
2	131	124	753	500 以上
3	132	125	456	500 以下
4	133	126	852	500 以上

```
import pandas
#from pandas import DataFrame
from pandas import read_csv

df = read_csv('e://rz2.csv',sep=',')
df
Out[1]:
   id  band  num  price
0  1   130   123  159
1  2   131   124  753
2  3   132   125  456
3  4   133   126  852

bins=[min(df.price)-1,500,max(df.price)+1]
labels=["500 以下","500 以上"]
```

```
pandas.cut(df.price,bins)
Out[2]:
0    (158, 500]
1    (500, 853]
2    (158, 500]
3    (500, 853]
Name: price, dtype: category
Categories (2, object): [(158, 500] < (500, 853]]

pandas.cut(df.price,bins,right=False)
Out[3]:
0    [158, 500)
1    [500, 853)
2    [158, 500)
3    [500, 853)
Name: price, dtype: category
Categories (2, object): [[158, 500) < [500, 853)]

pa=pandas.cut(df.price,bins,right=False,labels=labels)
pa
Out[5]:
0    500 以下
1    500 以上
2    500 以下
3    500 以上
Name: price, dtype: category
Categories (2, object): [500 以下 < 500 以上]

df['label']=pandas.cut(df.price,bins,right=False,labels=labels)
df
Out[6]:
   id  band  num  price  label
0   1   130  123    159  500 以下
1   2   131  124    753  500 以上
2   3   132  125    456  500 以下
3   4   133  126    852  500 以上
```

4.3.7 日期处理

(1) **日期转换**——是指将字符型的日期格式转换为日期格式数据的过程：

```
to_datetime(dateString,format)
```

format 格式如下。

- %Y：年份。
- %m：月份。
- %d：日期。
- %H：小时。
- %M：分钟。
- %S：秒。

【例 4-21】使用 to_datetime(df.注册时间, format='%Y/%m/%d')转换：

```
from pandas import read_csv
from pandas import to_datetime
df = read_csv('e://rz3.csv',sep=',',encoding='utf8')
df
Out[1]:
   num  price  year  month  date
0  123    159  2016      1  2016/6/1
1  124    753  2016      2  2016/6/2
2  125    456  2016      3  2016/6/3
3  126    852  2016      4  2016/6/4
4  127    210  2016      5  2016/6/5
5  115    299  2016      6  2016/6/6
6  102    699  2016      7  2016/6/7
7  201    599  2016      8  2016/6/8
8  154    199  2016      9  2016/6/9
9  142    899  2016     10  2016/6/10


df_dt = to_datetime(df.date,format="%Y/%m/%d")
df_dt
Out[2]:
0    2016-06-01
1    2016-06-02
2    2016-06-03
3    2016-06-04
4    2016-06-05
5    2016-06-06
6    2016-06-07
7    2016-06-08
8    2016-06-09
9    2016-06-10
Name: date, dtype: datetime64[ns]
```

注意 CSV 的格式是否是 utf8 格式，否则会报错。另外，CSV 里 date 的格式是文本(字符串)格式。

(2) **日期格式化**——是指将日期型的数据按照给定的格式转化为字符型的数据：

```
apply(lambda x:处理逻辑)
```

处理逻辑即 datetime.strftime(x,format)。

【例 4-22】日期型数据转化为字符型数据：

```
#df_dt = to_datetime(df.注册时间, format='%Y/%m/%d');
#df_dt_str = df_dt.apply(df.注册时间, format='%Y/%m/%d')

from pandas import read_csv
from pandas import to_datetime
from datetime import datetime

df = read_csv('e://rz3.csv',sep=',',encoding='utf8')
df_dt = to_datetime(df.date,format="%Y/%m/%d")

df_dt_str=df_dt.apply(lambda x: datetime.strftime(x,"%Y/%m/%d"))
                                    #apply见后注
df_dt_str
Out[1]:
0    2016/06/01
1    2016/06/02
2    2016/06/03
3    2016/06/04
4    2016/06/05
5    2016/06/06
6    2016/06/07
7    2016/06/08
8    2016/06/09
9    2016/06/10
Name: date, dtype: object
```

> **注意：** 当希望将函数 f 应用到 DataFrame 对象的行或列时，可以使用 .apply(f, axis=0, args=(), **kwds)方法，axis=0 表示按列运算，axis=1 表示按行运算。例如：

```
from pandas import DataFrame
df=DataFrame({'ohio':[1,3,6],'texas':[1,4,5],'california':[2,5,8]},index
=['a','c','d'])
df
Out[1]:
```

```
    california    ohio    texas
a        2         1        1
c        5         3        4
d        8         6        5

f = lambda x:x.max()-x.min()
df.apply(f)    #默认按列运算,同 df.apply(f,axis=0)
Out[2]:
california    6
ohio          5
texas         4
dtype: int64

df.apply(f,axis=1)    #按行运算
Out[3]:
a    1
c    2
d    3
dtype: int64
```

(3) 日期抽取——是指从日期格式里面抽取出需要的部分属性:

```
Data_dt.dt.property
```

属性取值的相关含义如下。

second　　1~60 秒,从 1 开始到 60。

minute　　1~60 分,从 1 开始到 60。

hour　　　1~24 小时,从 1 开始到 24。

day　　　 1~31 日,一个月中第几天,从 1 开始到 31。

month　　 1~12 月,从 1 开始到 12。

year　　　年份。

weekday　 1~7,一周中的第几天,从 1 开始,最大为 7。

【例 4-23】对日期进行抽取:

```
from pandas import read_csv;
from pandas import to_datetime;
df = read_csv('e://rz3.csv',sep=',',encoding='utf8')
df
Out[1]:
   num   price   year   month    date
0  123   159    2016      1    2016/6/1
1  124   753    2016      2    2016/6/2
```

```
2    125    456    2016    3     2016/6/3
3    126    852    2016    4     2016/6/4
4    127    210    2016    5     2016/6/5
5    115    299    2016    6     2016/6/6
6    102    699    2016    7     2016/6/7
7    201    599    2016    8     2016/6/8
8    154    199    2016    9     2016/6/9
9    142    899    2016    10    2016/6/10
```

```
df_dt =to_datetime(df.date,format='%Y/%m/%d')
df_dt
Out[2]:
0    2016-06-01
1    2016-06-02
2    2016-06-03
3    2016-06-04
4    2016-06-05
5    2016-06-06
6    2016-06-07
7    2016-06-08
8    2016-06-09
9    2016-06-10
Name: date, dtype: datetime64[ns]

df_dt.dt.year
Out[3]:
0    2016
1    2016
2    2016
3    2016
4    2016
5    2016
6    2016
7    2016
8    2016
9    2016
Name: date, dtype: int64

df_dt.dt.day
Out[4]:
0    1
1    2
2    3
```

```
3     4
4     5
5     6
6     7
7     8
8     9
9    10
Name: date, dtype: int64

df_dt.dt.month
df_dt.dt.weekday
df_dt.dt.second
df_dt.dt.hour
```

4.4 数据分析

4.4.1 基本统计

基本统计分析:又叫描述性统计分析,一般统计某个变量的最小值、第一个四分位值、中值、第三个四分位值、以及最大值。

describe():为描述性统计分析函数。

常用的统计函数如下。

size:计数(此函数不需要括号)。

sum():求和。

mean():平均值。

var():方差。

std():标准差。

【例 4-24】数据的基本统计:

```
from pandas import read_csv
df = read_csv('e://rz3.csv',sep=',',encoding='utf8')
df
Out[1]:
    num  price  year  month    date
0   123    159  2016      1  2016/6/1
1   124    753  2016      2  2016/6/2
2   125    456  2016      3  2016/6/3
3   126    852  2016      4  2016/6/4
4   127    210  2016      5  2016/6/5
```

```
5    115    299    2016    6    2016/6/6
6    102    699    2016    7    2016/6/7
7    201    599    2016    8    2016/6/8
8    154    199    2016    9    2016/6/9
9    142    899    2016    10   2016/6/10

df.num.describe()
Out[2]:
count      10.00000
mean      133.90000
std        27.39201
min       102.00000
25%       123.25000
50%       125.50000
75%       138.25000
max       201.00000
Name: num, dtype: float64

df.num.size    #注意：这里没有括号()
Out[3]: 10

df.num.max()
Out[4]: 201

df.num.min()
Out[5]: 102

df.num.sum()
Out[6]: 1339

df.num.mean()
Out[7]: 133.9

df.num.var()
Out[8]: 750.3222222222221

df.num.std()
Out[9]: 27.392010189510046
```

4.4.2 分组分析

分组分析：是指根据分组字段将分析对象划分成不同的部分，以对比分析各组之间差异性的一种分析方法。

常用的统计指标：计数、求和、平均值。

常用形式：

```
df.groupby(by=['分类1','分类2',...])['被统计的列'].agg({列别名1：统计函数1,列别名2：统计函数2, ...})
```

by——用于分组的列。

[ ]——用于统计的列。

.agg——统计别名，显示统计值的名称，统计函数用于统计数据。

size——计数。

sum——求和。

mean——均值。

【例 4-25】分组分析：

```
import numpy
from pandas import read_excel

df = read_excel('e:\\rz4.xlsx')
df
Out[1]:
```

	学号	班级	姓名	性别	英语	体育	军训	数分	高代	解几	计算机
0	2308024241	23080242	成龙	男	76	78	77	40	23	60	89
1	2308024244	23080242	周怡	女	66	91	75	47	47	44	82
2	2308024251	23080242	张波	男	85	81	75	45	45	60	80
3	2308024249	23080242	朱浩	男	65	50	80	72	62	71	82
4	2308024219	23080242	封印	女	73	88	92	61	47	46	83
5	2308024201	23080242	迟培	男	60	50	89	71	76	71	82
6	2308024347	23080243	李华	女	67	61	84	61	65	78	83
7	2308024307	23080243	陈田	男	76	79	86	69	40	69	82
8	2308024326	23080243	余皓	男	66	67	85	65	61	71	95
9	2308024320	23080243	李嘉	女	62	60	90	60	67	77	95
10	2308024342	23080243	李上初	男	76	90	84	60	66	60	82
11	2308024310	23080243	郭窦	女	79	67	84	64	64	79	85
12	2308024435	23080244	姜毅涛	男	77	71	87	61	73	76	82
13	2308024432	23080244	赵宇	男	74	74	88	68	70	71	85
14	2308024446	23080244	周路	女	76	80	77	61	74	80	85
15	2308024421	23080244	林建祥	男	72	72	81	63	90	75	85
16	2308024433	23080244	李大强	男	79	76	77	78	70	70	89
17	2308024428	23080244	李侧通	男	64	96	91	69	60	77	83
18	2308024402	23080244	王慧	女	73	74	93	70	71	75	88
19	2308024422	23080244	李晓亮	男	85	60	85	72	72	83	89

```
df.groupby(by=['班级','性别'])['军训'].agg({'总分':numpy.sum,'人数':
numpy.size,'平均值':numpy.mean,'方差':numpy.var,'标准差':numpy.std,'最高分':
numpy.max,'最低分':numpy.min})
```

Out[2]:

		标准差	方差	最高分	人数	最低分	总分	平均值
班级	性别							
23080242	女	12.020815	144.500000	92	2	75	167	83.500000
	男	6.184658	38.250000	89	4	75	321	80.250000
23080243	女	3.464102	12.000000	90	3	84	258	86.000000
	男	1.000000	1.000000	86	3	84	255	85.000000
23080244	女	11.313708	128.000000	93	2	77	170	85.000000
	男	5.076088	25.766667	91	6	77	509	84.833333

4.4.3 分布分析

分布分析是指根据分析的目的,将数据(定量数据)进行等距或不等距的分组,是研究各组分布规律的一种分析方法。

【例4-26】分布分析:

```
import numpy
import pandas
from pandas import read_excel

df = read_excel('e:\\rz4.xlsx')
df
```
Out[1]:

	学号	班级	姓名	性别	英语	体育	军训	数分	高代	解几	计算机	总分
0	2308024241	23080242	成龙	男	76	78	77	40	23	60	89	443
1	2308024244	23080242	周怡	女	66	91	75	47	47	44	82	452
2	2308024251	23080242	张波	男	85	81	75	45	45	60	80	471
3	2308024249	23080242	朱浩	男	65	50	80	72	62	71	82	482
4	2308024219	23080242	封印	女	73	88	92	61	47	46	83	490
5	2308024201	23080242	迟培	男	60	50	89	71	76	71	82	499
6	2308024347	23080243	李华	女	67	61	84	61	65	78	83	499
7	2308024307	23080243	陈田	男	76	79	86	69	40	69	82	501
8	2308024326	23080243	余皓	男	66	67	85	65	61	71	95	510
9	2308024320	23080243	李嘉	女	62	60	90	60	67	77	95	511
10	2308024342	23080243	李上初	男	76	90	84	60	66	60	82	518
11	2308024310	23080243	郭窦	女	79	67	84	64	64	79	85	522
12	2308024435	23080244	姜毅涛	男	77	71	87	61	73	76	82	527

13	2308024432	23080244	赵宇	男	74	74	88	68	70	71	85	530
14	2308024446	23080244	周路	女	76	80	77	61	74	80	85	533
15	2308024421	23080244	林建祥	男	72	72	81	63	90	75	85	538
16	2308024433	23080244	李大强	男	79	76	77	78	70	70	89	539
17	2308024428	23080244	李侧通	男	64	96	91	69	60	77	83	540
18	2308024402	23080244	王慧	女	73	74	93	70	71	75	88	544
19	2308024422	23080244	李晓亮	男	85	60	85	72	72	83	89	546

```
bins = [min(df.总分)-1,450,500,max(df.总分)+1]    #将数据分成三段

bins
Out[3]: [442, 450, 500, 547]

labels=['450及其以下','450到500','500及其以上']    #给三段数据贴标签

labels
Out[5]: ['450及其以下', '450到500', '500及其以上']

总分分层 = pandas.cut(df.总分,bins,labels=labels)

总分分层
Out[7]:
0      450及其以下
1      450到500
2      450到500
3      450到500
4      450到500
5      450到500
6      450到500
7      500及其以上
8      500及其以上
9      500及其以上
10     500及其以上
11     500及其以上
12     500及其以上
13     500及其以上
14     500及其以上
15     500及其以上
16     500及其以上
17     500及其以上
18     500及其以上
19     500及其以上
Name: 总分, dtype: category
```

```
Categories (3, object): [450 及其以下 < 450 到 500 < 500 及其以上]

df['总分分层']= 总分分层
df
[Out8]:
        学号        班级       姓名  性别  英语  体育  军训  数分  高代  解几  计算机基础  总分   总分分层
0   2308024241  23080242  成龙    男   76   78   77   40   23   60   89      443  450 及其以下
1   2308024244  23080242  周怡    女   66   91   75   47   47   44   82      452  450 到 500
2   2308024251  23080242  张波    男   85   81   75   45   45   60   80      471  450 到 500
3   2308024249  23080242  朱浩    男   65   50   80   72   62   71   82      482  450 到 500
4   2308024219  23080242  封印    女   73   88   92   61   47   46   83      490  450 到 500
5   2308024201  23080242  迟培    男   60   50   89   71   76   71   82      499  450 到 500
6   2308024347  23080243  李华    女   67   61   84   61   65   78   83      499  450 到 500
7   2308024307  23080243  陈田    男   76   79   86   69   40   69   82      501  500 及其以上
8   2308024326  23080243  余皓    男   66   67   85   65   61   71   95      510  500 及其以上
9   2308024320  23080243  李嘉    女   62   60   90   60   67   77   95      511  500 及其以上
10  2308024342  23080243  李上初  男   76   90   84   60   66   60   82      518  500 及其以上
11  2308024310  23080243  郭窦    女   79   67   84   64   64   79   85      522  500 及其以上
12  2308024435  23080244  姜毅涛  男   77   71   87   61   73   76   82      527  500 及其以上
13  2308024432  23080244  赵宇    男   74   74   88   68   70   71   85      530  500 及其以上
14  2308024446  23080244  周路    女   76   80   77   61   74   80   85      533  500 及其以上
15  2308024421  23080244  林建祥  男   72   72   81   63   90   75   85      538  500 及其以上
16  2308024433  23080244  李大强  男   79   76   77   78   70   70   89      539  500 及其以上
17  2308024428  23080244  李侧通  男   64   96   91   69   60   77   83      540  500 及其以上
18  2308024402  23080244  王慧    女   73   74   93   70   71   75   88      544  500 及其以上
19  2308024422  23080244  李晓亮  男   85   60   85   72   72   83   89      546  500 及其以上

df.groupby(by=['总分分层'])['总分'].agg({'人数':numpy.size})
Out[9]:
                 人数
总分分层
450 及其以下         1
450 到 500        6
500 及其以上        13
```

4.4.4 交叉分析

交叉分析通常用于分析两个或两个以上分组变量之间的关系，以交叉表形式进行变量间关系的对比分析。一般分为定量、定量分组交叉；定量、定性分组交叉；定性、定型分组交叉。交叉分析所使用的分析函数如下：

```
pivot_table(values,index,columns,aggfunc,fill_value)
```

values——数据透视表中的值。

index——数据透视表中的行。

columns——数据透视表中的列。

aggfunc——统计函数。

fill_value——NA 值的统一替换。

返回值：数据透视表的结果。

【例 4-27】交叉分析：

```
import numpy
import pandas
from pandas import read_excel
from pandas import pivot_table     #在 Spyder 下也可以不导入

df = read_excel('e:\\rz4.xlsx')
bins = [min(df.总分)-1,450,500,max(df.总分)+1]
labels=['450 及其以下','450 到 500','500 及其以上']
总分分层 = pandas.cut(df.总分,bins,labels=labels)
df['总分分层']= 总分分层
df.pivot_table(values=['总分'],index=['总分分层'],columns=['性别'],
aggfunc=[numpy.size,numpy.mean])
Out[1]:
            size              mean
            总分                总分
性别         女    男          女             男
总分分层
450 及其以下   NaN  1          NaN           443.000000
450 到 500   3   3          480.333333    484.000000
500 及其以上   4   9          527.500000    527.666667


df.pivot_table(values=['总分'],index=['总分分层'],columns=['性别'],
aggfunc=[numpy.size,numpy.mean], fill_value=0)
#也可以将统计为 0 的赋值为零，默认为 nan
Out[2]:
            size              mean
            总分                总分
性别         女    男          女             男
总分分层
450 及其以下   0   1          0.000000      443.000000
450 到 500   3   3          480.333333    484.000000
500 及其以上   4   9          527.500000    527.666667
```

4.4.5 结构分析

结构分析是在分组的基础上，计算各组成部分所占的比重，进而分析总体的内部特征的一种分析方法。

所使用的函数如下：

```
df_pt.sum(axis)
df_pt.div(df_pt.sum(axis),axis)
```

axis 参数说明：0 表示列；1 表示行。

【例4-28】结构分析：

```
#假设要计算班级团体总分情况
import numpy
import pandas

from pandas import read_excel
from pandas import pivot_table   #在 Spyder 下也可以不导入

df = read_excel('e:\\rz4.xlsx')

df_pt = df.pivot_table(values=['总分'],index=['班级'],columns=['性别'],
aggfunc=[numpy.sum])

df_pt
Out[1]:
             sum
             总分
性别            女     男
班级
23080242    942   1895
23080243   1532   1529
23080244   1077   3220


df_pt.sum()
Out[2]:
         性别
sum 总分   女    3551
         男    6644
dtype: int64
```

```
df_pt.sum(axis=0)   #效果同省略
Out[3]:
           性别
sum  总分   女    3551
           男    6644
dtype: int64

df_pt.sum(axis=1)
Out[4]:
班级
23080242    2837
23080243    3061
23080244    4297
dtype: int64

df_pt.div(df_pt.sum(axis=1),axis=0)   #按列占比
Out[5]:
               sum
               总分
性别          女         男
班级
23080242   0.332041  0.667959
23080243   0.500490  0.499510
23080244   0.250640  0.749360

df_pt.div(df_pt.sum(axis=0),axis=1)   #按行占比
Out[6]:
               sum
               总分
性别          女         男
班级
23080242   0.265277  0.285220
23080243   0.431428  0.230132
23080244   0.303295  0.484648
```

4.4.6 相关分析

相关分析是研究现象之间是否存在某种依存关系，并对具体有依存关系的现象探讨其相关方向以及相关程度，是研究随机变量之间相关关系的一种统计方法。

相关系数可以用来描述定量变量之间的关系。

相关系数与相关程度如表 4-6 所示。

表 4-6 相关系数与相关程度

相关系数|r|取值范围	相关程度
0≤|r|<0.3	低度相关
0.3≤|r|<0.8	中度相关
0.8≤|r|≤1	高度相关

相关分析函数：

```
DataFrame.corr()
Series.corr(other)
```

如果由数据框调用 corr 方法，那么将会计算每列两两之间的相似度。如果由序列调用 corr 方法，那么只是计算该序列与传入的序列之间的相关度。

返回值：

- DataFrame 调用将返回 DataFrame。
- Series 调用将返回一个数值型，大小为相关度。

【例 4-29】相关分析：

```
import numpy
import pandas
from pandas import read_excel
df = read_excel('e:\\rz4.xlsx')
df
Out[1]:
       学号         班级      姓名  性别  英语  体育  军训  数分  高代  解几  计算机基础  总分
0   2308024241   23080242  成龙   男   76  78  77  40  23  60    89    443
1   2308024244   23080242  周怡   女   66  91  75  47  47  44    82    452
2   2308024251   23080242  张波   男   85  81  75  45  45  60    80    471
3   2308024249   23080242  朱浩   男   65  50  80  72  62  71    82    482
4   2308024219   23080242  封印   女   73  88  92  61  47  46    83    490
5   2308024201   23080242  迟培   男   60  50  89  71  76  71    82    499
6   2308024347   23080243  李华   女   67  61  84  61  65  78    83    499
7   2308024307   23080243  陈田   男   76  79  86  69  40  69    82    501
8   2308024326   23080243  余皓   男   66  67  85  65  61  71    95    510
9   2308024320   23080243  李嘉   女   62  60  90  60  67  77    95    511
10  2308024342   23080243  李上初 男   76  90  84  60  66  60    82    518
11  2308024310   23080243  郭窦   女   79  67  84  64  64  79    85    522
12  2308024435   23080244  姜毅涛 男   77  71  87  61  73  76    82    527
13  2308024432   23080244  赵宇   男   74  74  88  68  70  71    85    530
14  2308024446   23080244  周路   女   76  80  77  61  74  80    85    533
15  2308024421   23080244  林建祥 男   72  72  81  63  90  75    85    538
```

```
16  2308024433  23080244  李大强  男  79  76  77  78  70  70     89  539
17  2308024428  23080244  李侧通  男  64  96  91  69  60  77     83  540
18  2308024402  23080244  王慧    女  73  74  93  70  71  75     88  544
19  2308024422  23080244  李晓亮  男  85  60  85  72  72  83     89  546
```

```
#两列之间的相关度计算
df['高代'].corr(df['数分'])
Out[2]: 0.60774082332601076
```

```
#多列之间的相关度计算
df.loc[:,['英语','体育','军训','计算机基础','解几','数分','高代']].corr()
Out[3]:
            英语        体育        军训       计算机基础      解几        数分        高代
英语      1.000000  0.244323 -0.335015 -0.119039  0.027452 -0.129588 -0.125245
体育      0.244323  1.000000 -0.111315 -0.266896 -0.526276 -0.369766 -0.382447
军训     -0.335015 -0.111315  1.000000  0.148933  0.249299  0.469226  0.251903
计算机基础 -0.119039 -0.266896  0.148933  1.000000  0.305934  0.123399  0.096979
解几      0.027452 -0.526276  0.249299  0.305934  1.000000  0.544394  0.613281
数分     -0.129588 -0.369766  0.469226  0.123399  0.544394  1.000000  0.607741
高代     -0.125245 -0.382447  0.251903  0.096979  0.613281  0.607741  1.000000
```

4.5 数据可视化

4.5.1 饼图

饼图(Pie Graph)又称圆形图，是一个划分为几个扇形的圆形统计图，它能够直观地反映个体与总体的比例关系。绘制饼图的方法如下：

```
pie(x,labels,colors,explode,autopct)
```

x——进行绘图的序列。

labels——饼图的各部分标签。

colors——饼图的各部分颜色，使用 GRB 标颜色。

explode——需要突出的块状序列。

autopct——饼图占比的显示格式。例如%.2f：保留两位小数。

【例 4-30】绘制饼图：

```
import numpy
import matplotlib
import matplotlib.pyplot as plt
from pandas import read_csv
```

```
df = read_csv('e:\\rz20.csv',sep=',')
df
Out[1]:
   id   band    num    price
0   1   130联通   123    159
1   2   131     124    753
2   3   132     125    456
3   4   133电信   126    852

gb=df.groupby(by=['band'],as_index=False)['num'].agg({'price':numpy.size})
gb
Out[2]:
    band     price
0   130联通   1
1   131     1
2   132     1
3   133电信   1
#为了便于图中显示中文
font = {'family':'SimHei'}
matplotlib.rc('font',**font)
#画饼图
plt.pie(gb['price'],labels=gb['band'],autopct='%.2f%%')
plt.show()
```

结果如图4-11所示。

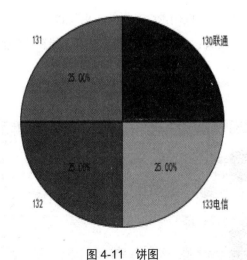

图4-11　饼图

> **注意：** 在画图时，所有的字段中的数据列含有中文的要注意它所保存的格式必须是utf-8，否则会报错。可以用记事本打开看看的格式，方法如图4-12所示。

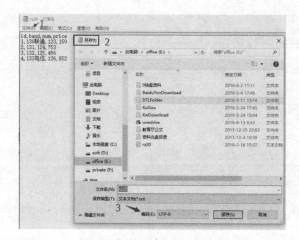

图 4-12　存储为 utf-8 格式

4.5.2　散点图

散点图(scatter diagram)是以一个变量为横坐标,另一个变量为纵坐标,利用散点(坐标点)的分布形态反映变量关系的一种图形。相关的方法如下:

```
plt.plot(x,y, '. ',color=(r,g,b))
plt.xlabel('x轴坐标')
plt.ylabel('y轴坐标')
plt.grid(True)
```

x、y——X 轴和 Y 轴的序列。

'.'、'o'——小点还是大点。

Color——散点图的颜色,可以用 RGB 定义,也可以用英文字母定义。

　　　RGB 颜色的设置:(red,green,blue),由红绿蓝颜色组成。

常用 GRB 颜色见表 4-7。

表 4-7　常用 GRB 颜色对照

颜色	英文	RGB	十六进制
白色	write	(1, 1, 1)	#FFFFFF
黑色	black	(0, 0, 0)	#000000
红色	red	(1, 0, 0)	#FF0000
橙色	orange	(1, 0.5, 0)	#FFA500
黄色	yellow	(1, 1, 0)	#FFFF00
绿色	green	(0, 1, 0)	#00FF00
蓝色	blue	(0, 0, 1)	#0000FF
靛色	indigo	(0.3, 0, 0.5)	#4B0082
紫色	purple	(0.63, 0.13, 0.95)	#A020F0

例如：

```
import matplotlib
import matplotlib.pyplot as plt
from pandas import read_csv

df = read_csv('e:\\rz20.csv',sep=',')

df
Out[1]:
    id  band  num  price
0   1   130 联通  123   159
1   2   131     124   753
2   3   132     125   456
3   4   133 电信  126   852

#为了便于图中显示中文
font = {'family':'SimHei'}
matplotlib.rc('font',**font)

#画图
plt.plot(df['price'],df['num'],'*')
plt.xlabel('price')
plt.ylabel('num')
plt.grid(True)
plt.show()
```

结果如图 4-13 所示。

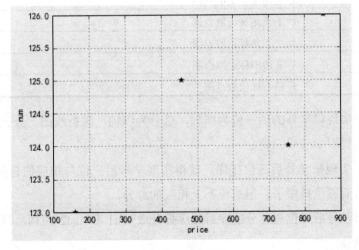

图 4-13　散点图

4.5.3 折线图

折线图也称趋势图,它是用直线段将各数据点连接起来而组成的图形,以折线方式显示数据的变化趋势。相关的方法如下:

```
plot(x,y, '-',color)
title('图的标题')
```

'-'为画线的样式。有多种样式,详见表 4-8。

表 4-8 plot 函数画线样式释义

参 数 值	说 明
-	连续的曲线
--	连续的虚线
-.	连续的用带点的曲线
:	由点连成的曲线
.	小点,散点图
o	大点,散点图
,	像素点(更小的点)的散点图
*	五角星的点,散点图
>	右角标记散点图
<	左角标记散点图
1(2,3,4)	伞形上(下左右)标记散点图
s	正方形标记散点图
p	五角星标记散点图
v	下三角标记散点图
^	上三角标记散点图
h	多边形标记散点图
d	钻石标记散点图

下例主要是实现以学号的后三位为横轴,总分为纵轴,画折线图。分三步。

第一,实现提取学号后三位。

第二,为了实现按学号后三位排序,就得实现学号后三位与相应的总分构成一对,再排序,否则学号后三位排序了,但对应不上相应的总分。

第三,按照学号后三位与总分的序对顺序拆分成 list1 和 list2 两列,再把 list1 做成横轴,list2 做成纵轴。

【例 4-31】 绘制折线图：

```
import matplotlib
from pandas import read_excel
from matplotlib import pyplot as plt

df = read_excel('e:\\rz4.xlsx',sep=',')
df
Out[1]:
```

	学号	班级	姓名	性别	英语	体育	军训	数分	高代	解几	计算机基础	总分
0	2308024241	23080242	成龙	男	76	78	77	40	23	60	89	443
1	2308024244	23080242	周怡	女	66	91	75	47	47	44	82	452
2	2308024251	23080242	张波	男	85	81	75	45	45	60	80	471
3	2308024249	23080242	朱浩	男	65	50	80	72	62	71	82	482
4	2308024219	23080242	封印	女	73	88	92	61	47	46	83	490
5	2308024201	23080242	迟培	男	60	50	89	71	76	71	82	499
6	2308024347	23080243	李华	女	67	61	84	61	65	78	83	499
7	2308024307	23080243	陈田	男	76	79	86	69	40	69	82	501
8	2308024326	23080243	余皓	男	66	67	85	65	61	71	95	510
9	2308024320	23080243	李嘉	女	62	60	90	60	67	77	95	511
10	2308024342	23080243	李上初	男	76	90	84	60	66	60	82	518
11	2308024310	23080243	郭窦	女	79	67	84	64	64	79	85	522
12	2308024435	23080244	姜毅涛	男	77	71	87	61	73	76	82	527
13	2308024432	23080244	赵宇	男	74	74	88	68	70	71	85	530
14	2308024446	23080244	周路	女	76	80	77	61	74	80	85	533
15	2308024421	23080244	林建祥	男	72	72	81	63	90	75	85	538
16	2308024433	23080244	李大强	男	79	76	77	78	70	70	89	539
17	2308024428	23080244	李侧通	男	64	96	91	69	60	77	83	540
18	2308024402	23080244	王慧	女	73	74	93	70	71	75	88	544
19	2308024422	23080244	李晓亮	男	85	60	85	72	72	83	89	546

```
#提取学号后三位并打印出来
def right3(df,a):
    '''
    实现提取学号后三位
    '''
    list0=[]
    list1=list(df[a])
    for i in list1:
        i=str(i)
        list2=i[-3:]
        list0.append(list2)
    return list0
```

```
df_ri=right3(df,'学号')
df_ri
Out[2]:
['241',
 '244',
 '251',
 '249',
 '219',
 '201',
 '347',
 '307',
 '326',
 '320',
 '342',
 '310',
 '435',
 '432',
 '446',
 '421',
 '433',
 '428',
 '402',
 '422']

#提取"总分"并转化为列表
df_va=list(df['总分'])
df_va
Out[3]:
[443,
 452,
 471,
 482,
 490,
 499,
 499,
 501,
 510,
 511,
 518,
 522,
 527,
 530,
```

```
 533,
 538,
 539,
 540,
 544,
 546]

#构成"学号后三位"与"总分"对应的list
def dic3(a,b):
    '''
    组成数对,并排序
    '''
    t=[]
    for k in range(len(a)):
        d=(a[k],b[k])
        t.append(d)
    t.sort()
    return t
df_di=dic3(df_ri,df_va)
df_di
Out[4]:
[('201', '499'),
 ('219', '490'),
 ('241', '443'),
 ('244', '452'),
 ('249', '482'),
 ('251', '471'),
 ('307', '501'),
 ('310', '522'),
 ('320', '511'),
 ('326', '510'),
 ('342', '518'),
 ('347', '499'),
 ('402', '544'),
 ('421', '538'),
 ('422', '546'),
 ('428', '540'),
 ('432', '530'),
 ('433', '539'),
 ('435', '527'),
 ('446', '533')]

#将数对拆成两列
```

```
list1=[df_di[i][0] for i in range(len(df_di))]
list2=[df_di[i][1] for i in range(len(df_di))]

#为了便于图中显示中文
font = {'family':'SimHei'}
matplotlib.rc('font',**font)

#用'-'画顺滑的曲线，list1作为横轴，list2作为纵轴
plt.plot(list1,list2,'-')
plt.title('学号与总分折线图')    #图的标题
plt.show()

Out[5]: [<matplotlib.lines.Line2D at 0x2c7e463e780>]
```

结果如图 4-14 所示。

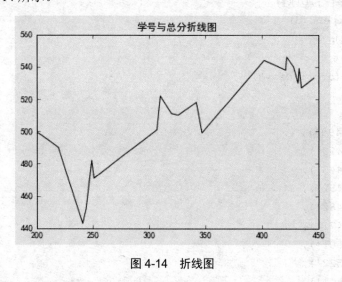

图 4-14 折线图

4.5.4 柱形图

柱形图用于显示一段时间内的数据变化或显示各项之间的比较情况，是一种单位长度的长方形，根据数据大小绘制的统计图，用来比较两个或以上的数据(时间或类别)。

涉及的主要方法如下：

```
bar(left,height,width,color)
barh(bottom,width,height,color)
```

left——x 轴的位置序列，一般采用 arange 函数产生一个序列。

height——y 轴的数值序列，也就是柱形图高度，一般就是我们需要展示的数据。

width——柱形图的宽度，一般设置为 1 即可。

color——柱形图的填充颜色。

【例4-32】绘制柱形图:

```
import numpy
import matplotlib
from pandas import read_excel
from matplotlib import pyplot as plt
df = read_excel('e:\\rz4.xlsx',sep=',')
gb=df.groupby(by=['学号'])['总分'].agg({'总分':numpy.sum})
gb
Out[1]:
            总分
学号
2308024201  499
2308024219  490
2308024241  443
2308024244  452
2308024249  482
2308024251  471
2308024307  501
2308024310  522
2308024320  511
2308024326  510
2308024342  518
2308024347  499
2308024402  544
2308024421  538
2308024422  546
2308024428  540
2308024432  530
2308024433  539
2308024435  527
2308024446  533
index=numpy.arange(gb['总分'].size)
index
Out[2]:
array([ 0,  1,  2,  3,  4,  5,  6,  7,  8,  9, 10, 11, 12, 13, 14, 15, 16,17, 18, 19])

#为了便于图中显示中文
font = {'family':'SimHei'}
matplotlib.rc('font',**font)
#竖向柱形图
```

```
plt.title('竖向柱状图：学号-总分')
plt.bar(index,gb['总分'],1,color='G')
plt.xticks(index + 1/2,gb.index,rotation=90)
    #为了防止图中的横坐标数据重叠，选择rotation=90
plt.show()
```

结果如图4-15所示。

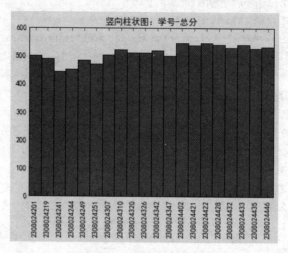

图4-15 竖向柱形图

相应的横向柱形图代码如下：

```
#横向柱形图
plt.title('横向柱状图：学号-总分')
plt.barh(index,gb['总分'],1,color='G')
plt.yticks(index + 1/2,gb.index)
plt.show()
```

结果如图4-16所示。

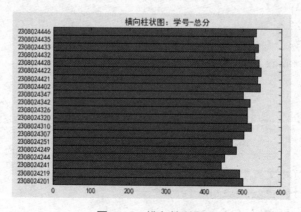

图4-16 横向柱形图

4.5.5 直方图

直方图(Histogram)是用一系列等宽不等高的长方形来绘制的，宽度表示数据范围的间隔，高度表示在给定间隔内数据出现的频数，变化的高度形态表示数据的分布情况。

涉及的方法如下：

```
hist(x,color,bins,cumulative=False)
```

x——需要进行绘制的向量。

color——直方图填充的颜色。

bins——设置直方图的分组个数。

cumulative——设置是否累积计数，默认是 False。

【例 4-33】绘制直方图：

```
import matplotlib
from pandas import read_excel
from matplotlib import pyplot as plt

font = {'family':'SimHei'}
matplotlib.rc('font',**font)

plt.hist(df['总分'],bins=20,cumulative=True)
plt.title('总分直方图')
plt.show()
```

结果如图 4-17 所示。

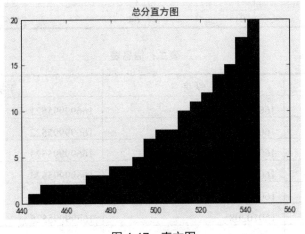

图 4-17 直方图

本 章 小 结

本章主要学习了利用 Pandas 库进行数据准备、数据处理、数据分析和数据可视化等内容。尤其是数据的整理清洗，在数据分析工作量中占到了很大的比重。如何快速地整理数据是本章的重点。

练 习

班主任现有一班级的两张表，如下。

表一：成绩表

学号	C#	线代	Python
16010203	78	88	96
16010210	87	58	83
16010205	84	65	82
16010213	86	72	67
16010215	67	76	85
16010208	76	43	69
16010209	56	68	92
16010204	89	缺考	86
16010211	81	81	75
16010212	73	77	69
16010206	65	80	84
16010214	90	73	91
16010207	91	64	86

表二：信息表

姓名	学号	手机号码
张三	16010203	16699995521
李四	16010204	16699995522
王五	16010205	16699995523
赵六	16010206	16699995524
郑七	16010207	16699995525
钱八	16010208	16699995526
张千	16010209	16699995527
赵六	16010210	16699995528

续表

姓名	学号	手机号码
李矛	16010211	16699995529
张白	16010212	16699995510
白九	16010213	16699995511
冀二	16010214	16699995512
余一	16010215	16699995513

请帮助班主任做如下工作。

(1) 给成绩表加上姓名列。

(2) 给成绩表加上"总分"列，并求出总分。

(3) 增加列字段"等级"，标注每人的"优、良、中、及格、差"（$\geqslant 90$ 优，$\geqslant 80$ 良，$\geqslant 70$ 中，$\geqslant 60$ 及格，< 60 差)。

(4) 计算各门课程的平均成绩以及标准差。

(5) 做一总分成绩分布图，纵坐标表示成绩，横坐标表示学号，画出总分的均分横线，让每位同学的总分圆点分布在均分线上下，以观察每位同学的成绩离开均分的距离。

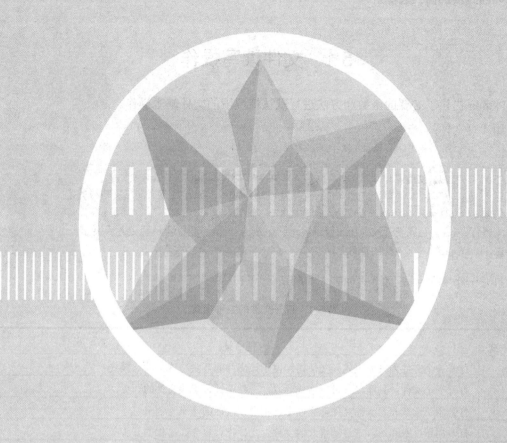

第 5 章

其 他

5.1 文件读写操作

Python 提供了必要的函数和方法进行默认情况下的文件基本操作。

如读写文件：

```
f = open('D:\\aa.txt')          #打开 aa.txt 文件
content = f.read()              #读取 aa.txt 文件的内容
f = open('D:\\aa.txt','a+')     #'a+'指打开 aa.txt 并在文件尾可续写
f.write('www.i-nuc.com;\n\t 爱中北'+'\n')
 #写入内容，写完换行或者加一行语句。f.write('\n')也能实现写完之后换行
f.close()           #及时关闭文件
```

打开一个文件的不同模式如表 5-1 所示。

表 5-1 打开文件的各种模式

模 式	描 述
r	打开一个文件为只读模式，文件指针位于该文件的开头。这是默认模式
rb	打开一个文件，只能以二进制格式读取，文件指针置于该文件的开头
r+	打开用于读取和写入的文件，文件指针将会在文件的开头
rb+	打开用于读取和写入二进制格式的文件，文件指针将会在文件的开头
w	打开一个文件，只写，如果该文件存在，则覆盖该文件；如果该文件不存在，则创建一个新文件用于写入
wb	打开一个文件，只能以二进制格式写入，如果该文件存在，则覆盖该文件；如果该文件不存在，则创建一个新文件用于写入
w+	打开用于写入和读取的文件，如果文件存在，则覆盖现有的文件；如果该文件不存在，则创建一个新文件用于写入
wb+	打开用于写入和读取的二进制格式的文件，如果文件存在，则覆盖现有的文件；如果该文件不存在，则创建一个新文件，用于写入
a	打开追加文件，文件指针是在文件的结尾，也就是说，该文件处于附加模式。如果该文件不存在，则创建一个新文件，用于写入
ab	打开追加的二进制格式的文件，文件指针在该文件的结尾，也就是说，该文件为追加模式；如果该文件不存在，则创建并写入一个新的文件
a+	打开为追加和读取的文件，文件指针在该文件的结尾，该文件将为追加模式；如果该文件不存在，则创建一个新文件，并读取和写入该新文件
ab+	打开一个追加和读取的二进制格式的文件，文件指针在该文件的结尾，该文件将为追加模式；如果该文件不存在，则创建一个新文件，并读取和写入该新文件
b	以二进制的形式打开文件

5.1.1 文件的读写方法

文件对象提供了三个"读"方法：.read()、.readline()和.readlines()。每种方法可以接受一个变量，以限制每次读取的数据量，但它们通常不使用变量。.read()每次读取整个文件，它通常用于将文件内容放到一个字符串变量中。然而.read()生成文件内容最直接的字符串表示，如果文件大于可用内存，则不可能实现这种处理。.readline()和.readlines()之间的差异是后者一次读取整个文件。像.read()一样，.readlines()自动将文件内容分析成一个行的列表，该列表可以由 Python 的 for ... in ... 结构进行处理。另一方面，.readline()每次只读取一行，通常比.readlines()慢得多，仅当没有足够内存可以一次读取整个文件时，才使用.readline()。

- F.read([size])：size 为读取的长度，以 byte 为单位，将文件读入 F 作为一个整体字符串。
- F.readline([size])：读一行，每操作一次读取一行，如果定义了 size，有可能返回的只是行的一部分；同 F.next()方法。
- F.readlines([size])：把文件每一行作为一个 list 的一个成员，并返回这个 list。其实它的内部是通过循环调用 readline()来实现的。如果提供 size 参数，size 是表示读取内容的总长，也就是说，可能只读到文件的一部分。
- F.write(str)：把 str 写到文件中，但 write()并不会在 str 后加上一个换行符。
- F.writelines(seq)：把 seq 的内容全部写到文件中。这个函数也只是机械地写入，不会在每行后面加上任何东西。

当读取很大的文件时，常用 fileinput 模块：

```
import fileinput
for line in fileinput.input('D:\\aa.txt'):
    print(line)
```

还可以直接使用 for，也是常用的模式之一：

```
f = open('D:\\aa.txt')
for line in f:
    print(line)
```

方法很多，还可以列表解析——使用行函数(列表函数)：

```
[line for line in open('D:\\aa.txt')]
```

使用 open 打开文件后，一定要记得调用 close()方法关闭文件。比如可以用 try-finally 语句来确保最后能关闭文件：

```
file_object = open('thefile.txt')
try:
    all_the_text = file_object.read()
finally:
    file_object.close()
```

> **注意**：不能把 open 语句放在 try 块里，因为当打开文件出现异常时，文件对象 file_object 无法执行 close()方法。

5.1.2 文件的其他方法

文件的其他方法说明如下。

- F.close()：关闭文件。Python 会在一个文件不用后自动关闭文件，不过这一功能没有保证，最好还是养成"手动"关闭的习惯。如果一个文件在关闭后还对其进行操作，会产生 ValueError。
- F.flush()：把缓冲区的内容写入硬盘。
- F.fileno()：返回一个长整型的"文件标签"。
- F.isatty()：文件是否是一个终端设备文件(Unix 系统中的)。
- F.tell()：返回文件操作标记的当前位置，以文件的开头为原点。
- F.next()：返回下一行，并将文件操作标记位移到下一行。当我们把一个 file 用于 for ... in file 这样的语句时，就是调用 next()函数来实现遍历的。
- F.seek(offset[,whence])：将文件操作标记(指针)移到 offset 的位置，offset 一般是相对于文件开头来计算的，一般为正数。但如果提供了 whence 参数，就不一定了，whence 可以为 0，表示从头开始计算，为 1 表示以当前位置为原点计算，为 2 表示以文件末尾为原点计算。需要注意，如果文件以 a 或 a+的模式打开，每次进行写操作时，文件操作标记会自动返回到文件末尾。可以使用 F.tell()查询指针当前的位置。
- F.truncate([size])：把文件裁成规定的大小，默认的是裁到当前文件操作标记的位置。如果 size 比文件的大小还要大，依据系统的不同，可能是不改变文件，也可能是用 0 把文件补到相应的大小，也可能是以一些随机的内容加上去。

5.1.3 文件的存储和读取

1. pickle

先看个例子：

```
import pickle
a=[1,2,3,4,5]
f=open('test01.dat','wb')     #将以 wb 格式打开(没有则新建)文件
pickle.dump(a,f)              #将文件 a 存入 f 中
f.close()
```

这个过程叫文件序列化，面对较大对象时，建议 dump() 使用参数 True，能够节省不少空间，即上例中可以改为 pickle.dump(a,f,True)。

文件存进去了，还需要能读取出来，继续看例子：

```
f=open('test01.dat','rb')     #将以 rb 格式打开或新建一个文件
d=pickle.load(f)              #从 f 中读取
f.close()

d
[1, 2, 3, 4, 5]
```

2. shelve

pickle 可以完成一些简单的存取工作，但对更复杂的工作，还是有点"力不从心"。于是就有了 shelve，shelve 的操作有点像字典，更接近于数据库。例如：

```
import shelve
s=shelve.open('test02.db')    #打开或新建一个文件
s['name']='yubg'              #给文件键赋值
s['sex']='man'
s['age']=40
s['demo']=['He is a teacher.']
s.close()

s=shelve.open('test02.db')
print(s['name'])              #读取 s 的全部内容时可以使用 for 来遍历

for i in s:
    print(i+":",s[i])

demo: ['He is a teacher.']
name: yubg
sex: man
age: 40
```

但需要注意，如果要给 demo 添加一些内容，可以这样做：

```
import shelve
s = shelve.open('test02.db')
```

```
s['demo'].append('and he teaches math.')
print(s['demo'])


['He is a teacher.']
```

从内容上来看,好像没有添加进来啊?猜对了!要想添加成功,务必在打开文件的时候多添加个参数:writeback=True。例如:

```
import shelve
s = shelve.open('test02.db',writeback=True)
s['demo'].append('and he teaches math.')
print(s['demo'])
s.close()


['He is a teacher.', 'and he teaches math.']
```

说明: 在增加和删除以及查询时,都要看其类型,如 demo 是 string,则 append 是添加不成功的,因为 str 类型就不允许添加。本例中是 list,所以添加成功。当然,如果删除 name 这个 key,可以用 del,但是 demo 就不可以了,只能用.pop()。

```
s = shelve.open('test02.db')
del s['name']

for i in s:
    print(i+":",s[i])

sex: man
demo: ['He is a teacher.']
age: 40
```

5.2 with 语句

with 语句适用于对资源进行访问的场合,确保不管使用过程中是否发生异常,都会执行必要的"清理"操作,释放资源。比如文件使用后自动关闭、线程锁的自动获取和释放等。例如:

```
f = open('D:\\aa.txt')
try:
    content = f.read()
finally:
    f.close()
```

这段代码太冗长了，with 有更优雅的语法，可以很好地处理上下文环境产生的异常。下面是 with 版本的代码，自动帮我们关闭文件：

```
with open("/tmp/foo.txt") as f:
    data = f.read()
```

比较下面两段程序代码。

代码一：

```
with open(r'fileName') as f:
    for line in f:
        print(line)
```

代码二：

```
f = open(r'fileName')
try:
    for line in f:
        print(line)
finally:
    f.close()
```

比较起来，代码一优于代码二，使用 with 语句还可以减少编码量。再如：

```
with open(r'd:/aa.txt') as f:
    for line in f:
        print(line)
```

以上三行代码主要实现了以下四项工作。① 打开 D 盘文件 aa.txt；② 将文件对象赋值给 f；③ 将文件所有行输出；④ 无论代码中是否出现异常，Python 都会关闭这个文件，不必关心这些细节。

5.3　Anaconda 下安装 statsmodels 包

statismodels 是一个 Python 包，提供一些互补 scipy 统计计算功能，包括描述性统计和统计模型估计和推断。但是，Anaconda 却并不包含 statismodels 包，需要我们自己来安装。

若已经安装了 Anaconda，则从开始菜单中选择 Windows 系统中的"命令提示符"命令，如图 5-1 所示。

在弹出的命令提示符窗口中，输入如下命令，并且按 Enter 键：

图 5-1　菜单中命令提示符

```
Conda install statsmodels
```

等待安装，如图 5-2 所示。

图 5-2 安装 Python 包文件

如果发现 Anaconda 有升级的文件，根据提示输入 y 即可升级，如图 5-3 和图 5-4 所示。

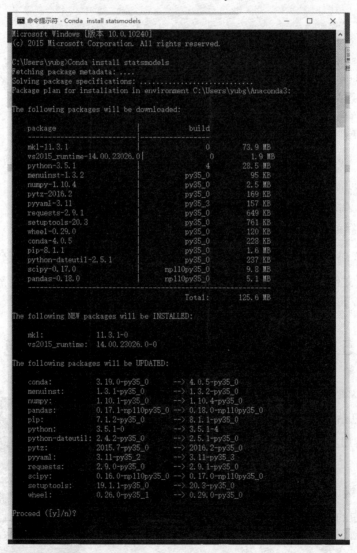

图 5-3 包文件安装截图

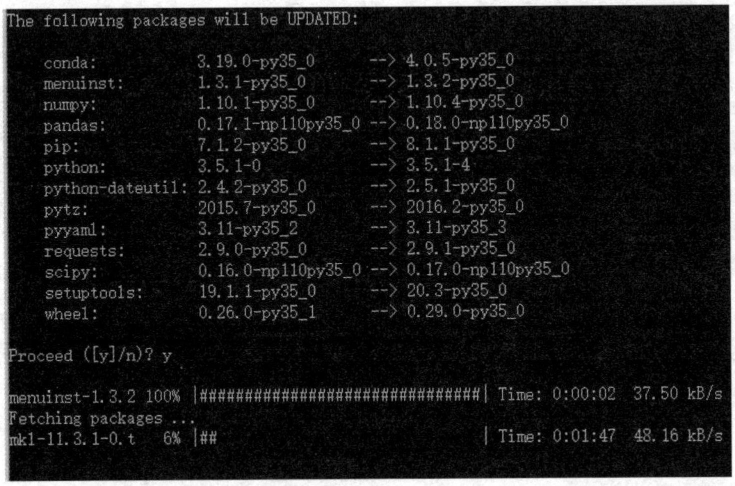

图 5-4　包文件升级截图

5.4　关于 Spyder 界面恢复默认状态的处理

在使用 Spyder 的时候，由于鼠标操作不当，很可能会将 Spyder 默认界面(图 5-5)的工作区域打乱，甚至找不到功能区。

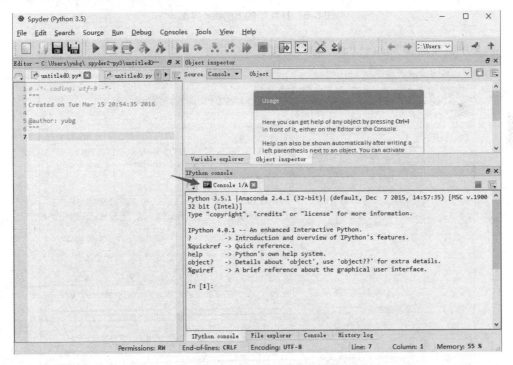

图 5-5　Spyder 系统默认的界面

常见的处理方法是选择菜单栏中的 View→Panes 命令，然后在出现的界面中勾选需要的相关功能显示项。

图 5-6 所示是一个被拖动打乱的界面，我们拟恢复原来系统默认的界面。

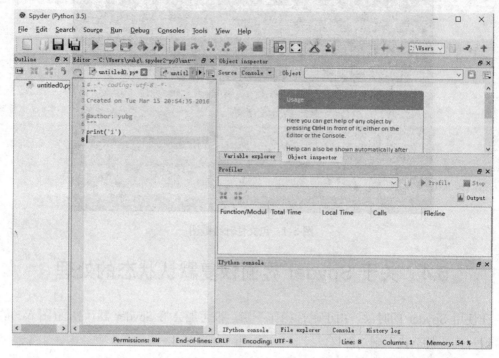

图 5-6 打乱了的 Spyder 界面

从菜单栏中选择 View→Panes 命令，如图 5-7 所示。

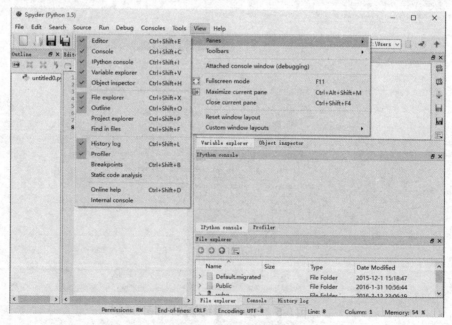

图 5-7 Spyder 中的菜单命令

另一个方法是打开 Windows 的"开始"菜单，找到 Anaconda3 程序，单击打开折叠菜单，选择 Reset Spyder Settings 命令，如图 5-8 所示。大概等待三五秒钟，程序将自动运行并结束。当再次打开 Spyder 时，界面已经恢复到初装时的默认状态。

图 5-8 让 Spyder 恢复默认设置的菜单命令

5.5 关于 Python 计算精度的问题

首先看如下问题：

```
>>> a=0.1+0.1+0.1-0.3
>>> print(a)
5.551115123125783e-17
>>>
```

结果怎么会是 5.55e-17 呢？为什么不是 0？

分析：浮点数的一个普遍问题，是它们不能精确地表示十进制数，即使是最简单的数学运算也会产生小的误差。

解决方案有如下几种。

(1) 使用格式化(不推荐)：

```
>>> a = "%.30f" % (1/3)
>>> a
'0.333333333333333314829616256247'
>>>
```

可以显示，但是不准确，后面的数字往往没有意义。Python 默认的是 17 位小数的精度，当我们的计算需要使用更高的精度(超过 17 位小数)时，就需要采取特殊的方法。

(2) 使用高精度 decimal 模块，配合 getcontext：

```
>>> from decimal import *
>>> print(getcontext())
Context(prec=28, rounding=ROUND_HALF_EVEN, Emin=-999999, Emax=999999,
capitals=1, clamp=0, flags=[], traps=[InvalidOperation, DivisionByZero,
Overflow])
>>> getcontext().prec = 50
>>> b = Decimal(1)/Decimal(3)
>>> b
Decimal('0.33333333333333333333333333333333333333333333333333')
>>> c = Decimal(1)/Decimal(17)
>>> c
Decimal('0.058823529411764705882352941176470588235294117647059')
>>> float(c)
0.058823529411764705
>>>
```

decimal 的构建：可以通过整数、字符串或者元组构建 decimal.Decimal，对于浮点数，需要先将其转换为字符串。

decimal 的 context：decimal 在一个独立的 context 下工作，可以通过 getcontext 来获取当前环境。例如，前面曾经提到过，可以通过 decimal.getcontext().prec 来设定小数点精度（默认为 28）：

```
>>> from decimal import Decimal as D
>>> from decimal import getcontext
>>> getcontext()
Context(prec=6, rounding=ROUND_HALF_EVEN, Emin=-999999999,
Emax=999999999, capitals=1, flags=[Rounded, Inexact],
traps=[DivisionByZero, InvalidOperation, Overflow])

>>> getcontext().prec = 6
>>> D(1)/D(3)
Decimal('0.333333')
>>>
```

默认的 context 的精度是 28 位，可以设置为 50 位甚至更高。这样，在分析复杂的浮点数的时候，可以有更高的可控制精度。例如：

```
>>> from decimal import Decimal
>>> a = Decimal('4.2')
>>> b = Decimal('2.1')
>>> a + b
```

```
Decimal('6.3')
>>> print(a + b)
6.3
>>> (a + b) == Decimal('6.3')
True
>>>
```

> 💡 **注意**：decimal 中的数要把它当成 str 来处理，即参加运算的数要添加单引号''。

(3) 使用 decimal 模块，配合 locacontext：

```
>>> from decimal import localcontext
>>> a = Decimal('1.3')
>>> b = Decimal('1.7')
>>> print(a / b)
0.7647058823529411764705882353
>>> with localcontext() as ctx:
    ctx.prec = 3
    print(a / b)

0.765
>>> with localcontext() as ctx:
    ctx.prec = 50
    print(a / b)

0.76470588235294117647058823529411764705882352941176
>>>
```

总地来说，decimal 模块主要用在涉及到金融的领域。在这类程序中，哪怕是一点小小的误差，在计算过程中都是不允许的。因此，decimal 模块为解决这类问题提供了方法。

当 Python 和数据库打交道时，也通常会遇到 decimal 对象，并且通常也是在处理金融数据时。

在有些浮点数计算问题上，可以利用 math 模块来解决，例如：

```
>>> nums = [1.23e+18, 1, -1.23e+18]
>>> sum(nums)           # 注意结果为什么不是1？
0.0
>>>
```

上面的错误可以利用 math.fsum()所提供的更精确计算能力来解决：

```
>>> import math
>>> math.fsum(nums)
1.0
```

```
>>>
```

Math 模块提供了以下功能函数：

```
>>> import math
>>> dir(math)
['__doc__', '__loader__', '__name__', '__package__', '__spec__', 'acos',
'acosh', 'asin', 'asinh', 'atan', 'atan2', 'atanh', 'ceil', 'copysign',
'cos', 'cosh', 'degrees', 'e', 'erf', 'erfc', 'exp', 'expm1', 'fabs',
'factorial', 'floor', 'fmod', 'frexp', 'fsum', 'gamma', 'gcd', 'hypot',
'inf', 'isclose', 'isfinite', 'isinf', 'isnan', 'ldexp', 'lgamma', 'log',
'log10', 'log1p', 'log2', 'modf', 'nan', 'pi', 'pow', 'radians', 'sin',
'sinh', 'sqrt', 'tan', 'tanh', 'trunc']
>>>
```

5.6 矩阵运算

5.6.1 创建矩阵

矩阵的创建可以利用 numpy 包，如创建矩阵 A 和 B：

```
>>> import numpy as np
>>> A = np.mat([[1,2,3],[4,5,6]])
>>> A
matrix([[1, 2, 3],
        [4, 5, 6]])

>>> B= [[1,2],[3,4]]
>>> B= np.array(B)
>>> B
array([[1, 2],
       [3, 4]])
>>>
```

在 numpy 里，mat 是 matrix 的一个别名。

5.6.2 矩阵属性

a.T：返回自身的转置(np.array(B)构成的矩阵仅可用此属性)。

a.H：返回自身的共轭转置。

a.I：返回自身的逆矩阵。

a.A：返回自身数据的二维数组的一个视图(没有做任何的拷贝)。

例如：

```
import numpy as np
a.transpose()                    #返回行列转置，等同于a.T
a.trace()                        #计算矩阵a的迹
np.trace(a)                      #计算矩阵a的迹
np.linalg.inv(a)                 #矩阵a的逆矩阵
np.linalg.matrix_rank(a)         #求矩阵的秩
np.dot(A,B)                      #矩阵A、B的乘积
np.linalg.det(a)                 #返回的是矩阵a的行列式
c,d = np.linalg.eig(a)           #矩阵a的特征值c和特征向量d
np.linalg.norm(a,ord=None)       #计算矩阵a的范数
np.linalg.cond(a,p=None)         #矩阵a的条件数
a.shape                          #可以获取矩阵的大小

>>> from numpy import *
>>> a=mat('1 2 3; 4 5 3')
>>> print((a*a.T).I)

[[ 0.29239766 -0.13450292]
 [-0.13450292  0.08187135]]

#求矩阵的秩：
>>> import numpy
>>> i=numpy.eye(4)
>>> i
array([[ 1.,  0.,  0.,  0.],
       [ 0.,  1.,  0.,  0.],
       [ 0.,  0.,  1.,  0.],
       [ 0.,  0.,  0.,  1.]])
>>> numpy.linalg.matrix_rank(i)
4
>>>
```

5.6.3 解线性方程组

求线性方程组 AX=B 的解：

```
np.linalg.solve(A,B)
```

例如：

```
A=np.mat([[1,2],[3,4]])
B=np.mat([[5,6]]).T
```

```
s=np.linalg.solve(A,B)

matrix([[-4. ],
        [ 4.5]])
```

5.6.4 线性规划最优解

看一个例子：小明找到了一份实习工作，于是想租一个房子，最好离公司近点，但是还没毕业，学校时不时还有事，所以不能离学校太远；而且有时还要去女朋友那里，她希望小明就住在她附近，于是小明该如何选择房子的地址？

具体我们假定公司、学校、女友在地图上的坐标分别是(1,1)、(4,6)、(9,2)，求小明的租房坐标。

这里需要使用 scipy 提供的 scipy.optimize.mininize 方法，首先需要设计一个计算距离的方程：

```
import numpy as np
from scipy.optimize import minimize
#租房到公司、学校、女友的距离平方和最小方程，房子的坐标:[coord[0],coord[1]]
def f(coord,x,y):
    return np.sum((coord[0]-x)**2+(coord[1]-y)**2)

#把公司、学校、女友三地的坐标保存在两个向量里
x= np.array([1,4,9])    #公司、学校、女友的横坐标
y= np.array([1,6,2])    #公司、学校、女友的纵坐标

#找一个起始点，并看看租房到三地的距离平方和
initial = np.array([50,5])   #随便选一个租房地址作为起点
print(f(initial,x,y))

#求最优解并打印
res = minimize(f,initial,args=(x,y))  #最优化
print(res.x)        #打印最优的房子坐标
print(f(res.x,x,y))

6224
[ 4.66666667  3.00000001]
46.6666666667
```

绘制出地图，标注上租房的点 house（如图 5-9 所示）：

```
import matplotlib.pyplot as plt
labels = ['company','school','girl']
```

```
plt.scatter(x,y)  #按照 x、y 画图

for i in range(3):
    plt.arrow(res.x[0],res.x[1],-res.x[0]+x[i],
        -res.x[1]+y[i],head_length=-0.1,head_width=0.1,fc='k')
    plt.text(x[i],y[i],labels[i])

plt.text(res.x[0],res.x[1],'house')
plt.show()
```

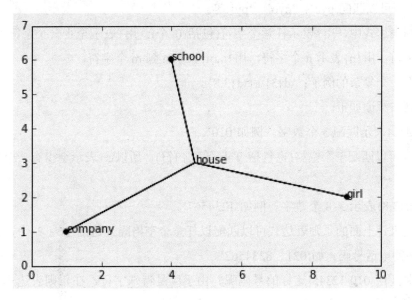

图 5-9　租房地点 house 与其他三地的位置

5.7　正则表达式

字符串是编程时涉及到的最多的一种数据结构，对字符串进行操作的需求几乎无处不在。比如判断一个字符串是否为合法的 E-mail 地址，虽然可以编程提取@前后的子串，再分别判断是否是单词和域名，但这样做不但麻烦，而且代码难以复用。

正则表达式是一种用来匹配字符串的强有力的工具。它的设计思想是用一种描述性的语言来给字符串定义一个规则，凡是符合规则的字符串，我们就认为它"匹配"了，否则，该字符串就是不合法的。

所以，判断一个字符串是否为合法的 E-mail 的方法如下。

(1) 创建一个匹配 E-mail 的正则表达式。
(2) 用该正则表达式去匹配用户的输入，判断是否合法。

因为正则表达式是用字符串表示的,所以要首先了解如何用字符来描述字符。

1. 准备知识

在正则表达式中,如果直接给出字符,就是精确匹配。用\d可以匹配一个数字,用\w可以匹配一个字母或数字,用英文句点可以匹配任意字符,所以:

'00\d'——可以匹配'007',但无法匹配'00A',也就是说,'00'后面只能是数字。

'\d\d\d'——可以匹配'010',只可匹配三位数字。

'\w\w\d'——可以匹配'py3',前两位可以是数字或者字母,但是第三位只能是数字。

'py.'——可以匹配'pyc'、'pyo'、'py!'等。

在正则表达式中,用*表示任意个字符(包括 0 个),用+表示至少一个字符,用?表示 0 个或 1 个字符,用{n}表示 n 个字符,用{n,m}表示 n 到 m 个字符。

下面看一个复杂的例子:\d{3}\s+\d{3,8}。

从左到右解读如下。

(1) \d{3}表示匹配 3 个数字。例如'010'。

(2) \s 可以匹配一个空格(也包括 Tab 等空白符),所以\s+表示至少有一个空格。例如匹配' '、'　'等。

(3) \d{3,8}表示 3~8 个数字。例如'1234567'。

综合起来,上面的正则表达式可以匹配以任意个空格隔开的区号为 3 个数字、号码为 3~8 个数字的电话号码。如'021　8234567'。

如果要匹配'010-12345'这样的号码呢?由于'-'是特殊字符,在正则表达式中,要用'\'转义,所以正则式应该是\d{3}\-\d{3,8}。

但是,仍然无法匹配'010 - 12345',因为这里'-'两侧带有空格。所以需要更复杂的匹配方式。

2. 进阶

要做更精确的匹配,可以用[]表示范围,比如:

[0-9a-zA-Z_]——可以匹配一个数字、字母或者下划线。

[0-9a-zA-Z_]+——可以匹配至少由一个数字、字母或者下划线组成的字符串,比如'a100'、'0_Z'、'Py3000'等。

[a-zA-Z_][0-9a-zA-Z_]*——可以匹配由字母或下划线开头,后接任意个由一个数字、字母或者下划线组成的字符串,也就是 Python 合法的变量。

[a-zA-Z_][0-9a-zA-Z_]{0, 19}——更精确地限制了变量的长度是 1~20 个字符(前面 1 个字符+后面最多 19 个字符)。

A|B 可以匹配 A 或 B，所以(P|p)ython 可以匹配'Python'或者'python'。

^表示行的开头，^\d 表示必须以数字开头。

$表示行的结束，\d$表示必须以数字结束。

应注意，py 也可以匹配'python'，但加上^py$就变成了整行匹配，就只能匹配'py'了。

具体的正则表达式常用符号见表 5-2。

表 5-2　正则表达式的常用符号

符　号	含　义	例　子	匹配结果
*	匹配前面的字符、表达式或括号里的字符 0 次或多次	a*b*	aaaaaaa、aaaaabbb
+	匹配前面的字符、表达式或括号里的字符至少一次	a+b+	aabbb、abbbbb、aaaaab
?	匹配前面的一次或 0 次	Ab?	A、Ab
.	匹配任意单个字符，包括数字、空格和符号	b.d	bad、b3d、b#d
[]	匹配[]内的任意一个字符，即任选一个	[a-z]*	zero、hello
\	转义符，把后面的特殊意义的符号按原样输出	\.\/\\	./\
^	指字符串开始位置的字符或子表达式	^a	apple、aply、asdfg
$	经常用在表达式的末尾，表示从字符串的末端匹配，如果不用它，则每个正则表达式的实际表达形式都带有.*作为结尾。这个符号可以看成^符号的反义词	[A-Z]*[a-z]*$	ABDxerok、Gplu、yubg、YUBEG
|	匹配任意一个由 | 分割的部分	b(i|ir|a)d	bid、bird、bad
?!	不包含，这个组合经常放在字符或者正则表达式前面，表示这些字符不能出现。如果在某整个字符串中全部排除某个字符，就要加上^和$符号	^((?![A-Z]).)*$	除了大写字母以外的所有字母字符均可：nu-here、&hu238-@
()	表达式编组，()内的正则表达式会优先运行	(a*b)*	aabaaab、aaabab、abaaaabaaaabaaab
{m,n}	匹配前面的字符串或者表达式 m 到 n 次，包含 m 和 n 次	go{2,5}gle	gooogle、goooogle、gooooogle、goooooogle
[^]	匹配任意一个不在中括号内的字符	[^A-Z]*	sed、sead@、hes#23
\d	匹配一位数字	a\d	a3、a4、a9
\D	匹配一位非数字	3\D	3A、3a、3-
\w	匹配一个字母或数字	\w	3、A、a

3. re 模块

有了准备知识，就可以在 Python 中使用正则表达式了。Python 提供 re 模块，包含所有正则表达式的功能。

由于 Python 的字符串本身也用\转义，所以要特别注意：

```
s = 'ABC\\-001'          #Python 的字符串
```

对应的正则表达式字符串变成：

```
# 'ABC\-001'
```

因此强烈建议使用 Python 的 r 前缀，就不用考虑转义的问题了：

```
s = r'ABC\-001'          #Python 的字符串
```

对应的正则表达式字符串不变：

```
# 'ABC\-001'
```

先看看如何判断正则表达式是否匹配：

```
>>> import re
>>> re.match(r'^\d{3}\-\d{3,8}$', '010-12345')
<_sre.SRE_Match object; span=(0, 9), match='010-12345'>
>>> re.match(r'^\d{3}\-\d{3,8}$', '010 12345')
>>>
```

match()方法判断是否匹配，如果匹配成功，返回一个 Match 对象，否则返回 None。常见的判断方法是：

```
test = '用户输入的字符串'
if re.match(r'正则表达式', test):
    print('ok')
else:
    print('failed')
#输出：
failed
```

4. 切分字符串

用正则表达式切分字符串比用固定的字符更灵活，请看正常的切分代码：

```
>>> 'a b   c'.split(' ')
['a', 'b', '', '', 'c']
>>>
```

执行上面代码，结果显示，无法识别连续的空格。下面运行正则表达式试一下：

```
>>> re.split(r'\s+', 'a b   c')
['a', 'b', 'c']
>>>
```

无论多少个空格都可以正常分割。下面加入"\,"试试：

```
>>> re.split(r'[\s\,]+', 'a,b, c  d')
['a', 'b', 'c', 'd']
>>>
```

再加入"\,\;"试试：

```
>>> re.split(r'[\s\,\;]+', 'a,b;; c  d')
['a', 'b', 'c', 'd']
>>>
```

如果用户输入了一组标签，可以用正则表达式把不规范的输入转化成正确的数组。

5. 分组

除了简单地判断是否匹配之外，正则表达式还有提取子串的强大功能。用()表示的即是要提取的分组(Group)。

例如^(\d{3})-(\d{3,8})$分别定义了两个组，可以直接从匹配的字符串中提取出区号和本地号码：

```
>>> m = re.match(r'^(\d{3})-(\d{3,8})$', '010-12345')
>>> m
<_sre.SRE_Match object; span=(0, 9), match='010-12345'>
>>> m.group(0)
'010-12345'
>>> m.group(1)
'010'
>>> m.group(2)
'12345'
>>>
```

如果正则表达式中定义了组，就可以在 Match 对象上用 group()方法提取出子串。

注意到 group(0)是原始字符串，group(1)、group(2)、……表示第 1、2、……个子串。

提取子串非常有用，例如：

```
>>> t = '19:05:30'
>>> m = re.match(r'^(0[0-9]|1[0-9]|2[0-3]|[0-9])\:(0[0-9]|1[0-9]|2[0-9]|3[0-9]|4[0-9]|5[0-9]|[0-9])\:(0[0-9]|1[0-9]|2[0-9]|3[0-9]|4[0-9]|5[0-9]|[0-9])$', t)
>>> m.groups()
```

```
('19', '05', '30')
>>>
```

这个正则表达式可以直接识别合法的时间。但有些时候，用正则表达式也无法做到完全验证，比如识别日期：

```
'^(0[1-9]|1[0-2]|[0-9])-(0[1-9]|1[0-9]|2[0-9]|3[0-1]|[0-9])$'
```

对于'2-30'、'4-31'这样的非法日期，用正则还是识别不了，或者说写出来非常困难，这时就需要程序配合识别了。

6. 贪婪匹配

最后需要特别指出的是，正则匹配默认是贪婪匹配，也就是匹配尽可能多的字符。
举例如下，匹配出数字后面的 0：

```
>>> re.match(r'^(\d+)(0*)$', '102300').groups()
('102300', '')
>>>
```

由于\d+采用贪婪匹配，直接把后面的 0 全部匹配了，结果 0* 只能匹配空字符串了。
必须让\d+采用非贪婪匹配(也就是尽可能少匹配)，才能把后面的 0 匹配出来，加个?就可以让\d+采用非贪婪匹配：

```
>>> re.match(r'^(\d+?)(0*)$', '102300').groups()
('1023', '00')
>>>
```

7. 编译

当我们在 Python 中使用正则表达式时，re 模块内部会做两件事情。
(1) 编译正则表达式，如果正则表达式的字符串本身不合法，会报错。
(2) 用编译后的正则表达式去匹配字符串。

如果一个正则表达式要重复使用几千次，出于效率的考虑，我们可以预编译该正则表达式，接下来重复使用时，就不需要编译这个步骤了，可以直接匹配：

```
>>> import re
#编译:
>>> re_telephone = re.compile(r'^(\d{3})-(\d{3,8})$')
#使用:
>>> re_telephone.match('010-12345').groups()
('010', '12345')
>>> re_telephone.match('010-8086').groups()
('010', '8086')
```

```
>>>
```

编译后生成 Regular Expression 对象,由于该对象自己包含了正则表达式,所以调用对应的方法时,不用给出正则字符串。

5.8 使用 urllib 打开网页

Python 的 webbrowser 模块支持对浏览器进行一些操作,主要有三种方法。
代码如下:

```
import webbrowser

webbrowser.open(url, new=0, autoraise=True)
webbrowser.open_new(url)
webbrowser.open_new_tab(url)
```

首先了解 webbrowser.open()方法:

```
webbrowser.open(url, new=0, autoraise=True)
```

在系统的默认浏览器中访问 url 地址,如果 new=0,url 会在同一个浏览器窗口中打开;如果 new=1,新的浏览器窗口会被打开;new=2 时新的浏览器 tab 会被打开。而 webbrowser.get()方法可以获取到系统浏览器的操作对象。使用 webbrowser.register()可以注册浏览器类型。

例如:

```
#-*- coding:UTF-8 -*-
import webbrowser
url = 'http://www.i-nuc.com/iNUC/'
webbrowser.open(url)
print(webbrowser.get())
```

这样就可以打开一个网站页面,但使用的是默认 IE 打开的,如果想用 360 浏览器打开,方法如下:

```
import webbrowser
BrowserPath = r'C:\Users\yubg\AppData\Roaming\360se6\Application\360se.exe'
webbrowser.register('360', None,
    webbrowser.BackgroundBrowser(BrowserPath))
webbrowser.get('360').open_new_tab('http://www.i-nuc.com/iNUC/')
```

而使用 urllib 模块打开网站,整个程序只需用两行代码即可:

```
import urllib
```

```
print(urllib.request.urlopen('http://www.i-nuc.com/iNUC/').read())
```

在 Python 2.x 版本中可以直接使用 import urllib 来进行操作，但是 3.x 版本的 Python 中，使用的是 import urllib.request 来进行操作。

urlopen 方法的格式：

```
urllib.request.urlopen(url[, data[, proxies]])
```

参数 url 表示远程数据的路径，一般是网址；参数 data 表示以 post 方式提交到 url 的数据(提交数据的两种方式为 post 与 get。如果不清楚，也不必太在意，一般情况下很少用到这个参数)；参数 proxies 用于设置代理(这里不详细介绍怎样使用代理，感兴趣的读者可以去翻阅 Python 手册的 urllib 模块)。

urlopen 返回一个类文件对象，它提供了下列方法。

- *read()、readline()、readlines()、fileno()、close()：这些方法的使用方式与文件对象完全一样。
- *info()：返回一个 httplib.HTTPMessage 对象，表示远程服务器返回的头信息。
- *getcode()：返回 HTTP 状态码。如果是 HTTP 请求，200 表示请求成功完成；404 表示网址未找到。
- *geturl()：返回请求的 url。

对上面的代码进行扩充，可以运行下面的例子，加深对 urllib 的印象：

```
import urllib
print(urllib.request.urlopen('http://www.i-nuc.com/iNUC/').read())
inuc = urllib.request.urlopen('http://www.i-nuc.com/iNUC/')
print('http header:\n', inuc.info())
print('http status:', inuc.getcode())
print('url:', inuc.geturl())
for line in inuc:       #就像在操作本地文件
    print(line)
inuc.close()
```

urlretrieve 方法的格式：

```
urllib.request.urlretrieve(url[, filename[, reporthook[, data]]])
```

urlretrieve 方法直接将远程数据下载到本地。参数 filename 指定了保存到本地的路径(如果未指定该参数，urllib 会生成一个临时文件来保存数据)；参数 reporthook 是一个回调函数，当连接上服务器，以及相应的数据块传输完毕的时候，会触发该回调。可以利用回调函数来显示当前的下载进度，下面的代码将会展示。参数 data 指 post 到服务器的数据。该方法返回一个包含两个元素的元组(filename, headers)，filename 表示保存到本地的路径，header 表示服务器的响应头。

下面通过例子来演示这个方法的使用，本例将“爱中北”首页的 HTML 抓取到本地，保存在 D:\i-nuc.html 文件中，同时显示下载的进度。程序如下：

```
def cbk(a, b, c):
    '''
    回调函数
    @a: 已经下载的数据块
    @b: 数据块的大小
    @c: 远程文件的大小
    '''
    per = 100.0 * a * b / c
    if per > 100:
        per = 100
        print('%.2f%%' % per)
url = 'http://www.i-nuc.com'
local = 'd:\\i-nuc.html'
urllib.request.urlretrieve(url, local, cbk)
```

运行结果如图 5-10 所示。

```
In [1]: import urllib
   ...: def cbk(a, b, c):
   ...:     '''
   ...:     回调函数
   ...:     @a: 已经下载的数据块
   ...:     @b: 数据块的大小
   ...:     @c: 远程文件的大小
   ...:     '''
   ...:     per = 100.0 * a * b / c
   ...:     if per > 100:
   ...:        per = 100
   ...:        print('%.2f%%' % per)
   ...:
   ...: url = 'http://www.i-nuc.com'
   ...: local = 'd:\\i-nuc.html'
   ...: urllib.request.urlretrieve(url, local, cbk)
100.00%
Out[1]: ('d:\\i-nuc.html', <http.client.HTTPMessage at 0xcf29910>)

In [2]:
```

图 5-10　运行结果

urllib 中还提供了一些辅助方法，用于对 url 进行编码、解码。

url 中不能出现一些特殊的符号，有些符号有特殊的用途。我们知道，以 get 方式提交数据的时候，会在 url 中添加 key = value 这样的字符串，所以在 value 中不允许有“=”，因此要对其进行编码；与此同时，服务器接收到这些参数的时候，要进行解码，还原成原始的数据。

Python 数据分析基础

5.9 网页数据抓取

这里给出用 Python 抓取一个网站跟帖回复的例子。

知乎网上有一个标题为"已经有女朋友了,但又遇到更喜欢的对象怎么办?"的帖子,里面的一些回复实在很搞笑,但是一页一页地看又有点麻烦,于是想全部"爬"下来存放到一个文件里,这样,就可以随时查看到全部的回复内容了。

本节主要使用 Python 实现简单的网络爬取,以获取帖子的全部回复。

工具:Anaconda 3。

网址:https://www.zhihu.com/question/19649693。

任务:将图 5-11 中框起来的部分爬下来,放到一个 TXT 文件中。

步骤:利用 Python 的 BeautifulSoup 模块,将网页内容收纳到容器 soup 中;再在 soup 中搜索所有回复的标识标签;然后将搜索出的内容遍历出来;最后建立一个 TXT 文件,并将遍历结果写入此文件中。

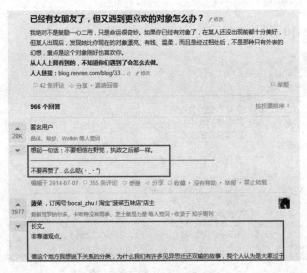

图 5-11 网页截图

(1) 准备工作。先分析网页的源代码,找到回复的标识符。

在网页界面按下 F12 键,如图 5-12 所示。

单击界面上的 B 处(DOM 资源管理器),再单击 C 处(DOM 元素突出显示),当把鼠标放到 D、E 区域时,就会发现 A 区域有突出高亮显示。下面的 D、E 区域的每一个 div 标签都对应着上面 A 区域相应的小区域。找到区域 A 中的回复和下面区域 D、E 相对应处,这里提取 D 或者 E 均可,不过 E 比较"干净",所以就选取 E。其实可以验证,只要是回复部分的内容,它的标签都是 class="zm-editable-content clearfix",所以只要找到它的共性，再把它们全部找出来即可，这是爬取的关键一步。

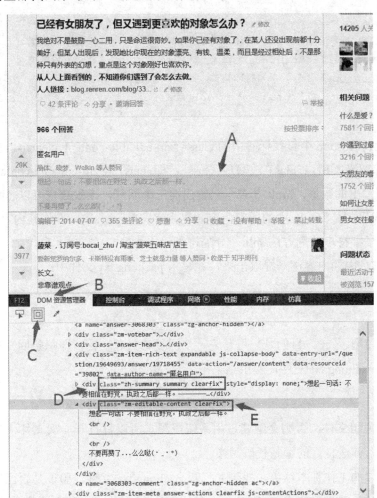

图 5-12 网页源代码截图

(2) 在 Python 中建立 TXT 文件保存爬取的内容，并将网页源代码全部收纳入 soup。

① 在 Anaconda 3 中打开 Spyder，导入相关的模块和库：

```
#encoding:UTF-8
import urllib.request      #在 Python 3.x 中使用 urllib.request 替代了 urllib2
from bs4 import BeautifulSoup   #BeautifulSoup 库最主要的功能是从网页抓取数据
```

② 建立一个 pachong.txt 文件，并允许追加写入：

```
f = open('pachong.txt','a+',encoding='utf-8')
```

其中的 'a+' 表示在文件末尾追加文件；encoding='utf-8' 表示在写入时以 utf-8 编码格式写入，这里最好带上，否则打开 pachong.txt 时会是乱码的。

③ 打开链接网页并爬取网页数据：

```
url="https://www.zhihu.com/question/19649693"    #需要打开的网址
html=urllib.request.urlopen(url).read()          #读取网页数据
soup = BeautifulSoup(html, "lxml")               #将网页数据纳入 soup 中
#print(soup.prettify())  #打印格式，此步可通过打印以监控是否正常。此句可以省略
all = soup.find_all(class_="zm-editable-content clearfix",limit=3)
ALL=str(all).split('</div>')
```

all 行代码：在 soup 中查找标签中的 class="zm-editable-content clearfix"，由于 class 在 Python 中是保留名，所以 class 改写成 class_，即 class_="zm-editable-content clearfix"；limit 表示限制输出的数量，limit=3 表示只输出前三个回复，该参数也可以忽略。

ALL 行代码：是将 all 中的所有内容转化为字符型 str(all)，并将其内容(回复)分割开来，这里使用了字符串分割方法 split，分隔符为'</div>'。

④ 将 ALL 中的内容逐一提取出来，并写入 pachong.txt 文件中：

```
for each in ALL :
    f.write(each+'\n')
```

第二行中使用了'\n'，目的是想每写完一个回复就另起一行，即每条回复另起一行。

⑤ 关闭 pachong.txt 文件，爬虫结束：

```
f.close()
```

这里必须关闭文件，否则会继续占用系统资源。所以每打开一次文件，务必记住用完后关闭该文件，养成良好的编写代码习惯。

至此，爬取的工作基本结束，找到并打开 pachong.txt 文件，验证是否已经爬取了想要的内容。文件的具体保存路径可以在 Spyder 上看到，如图 5-13 所示。

图 5-13 Spyder 保存路径

本爬虫的完整代码如下：

```
#encoding:UTF-8
import urllib.request
from bs4 import BeautifulSoup
```

```
f = open('pachong.txt','a+',encoding='utf-8')
url="https://www.zhihu.com/question/19649693"    #需要打开的网址
html=urllib.request.urlopen(url).read()  #读取网页数据
soup = BeautifulSoup(html, "lxml")    #将网页数据纳入 soup 中
#print(soup.prettify())  #打印格式，此步可通过打印以监控是否正常
all = soup.find_all(class_="zm-editable-content clearfix",limit=3)
ALL=str(all).split('</div>')
for each in ALL :
    f.write(each+'\n')
f.close()
```

运行结果如图 5-14 所示。

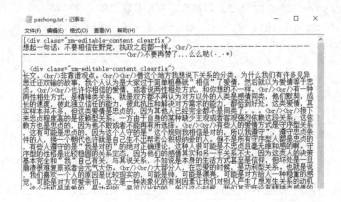

图 5-14　爬取的数据截图

当然，这样还不够美观，还需要继续加工代码。比如每次获取的文本想要知道具体的时间，还想看到这个帖子的标题，并将所有回复按条整理好，如图 5-15 所示。

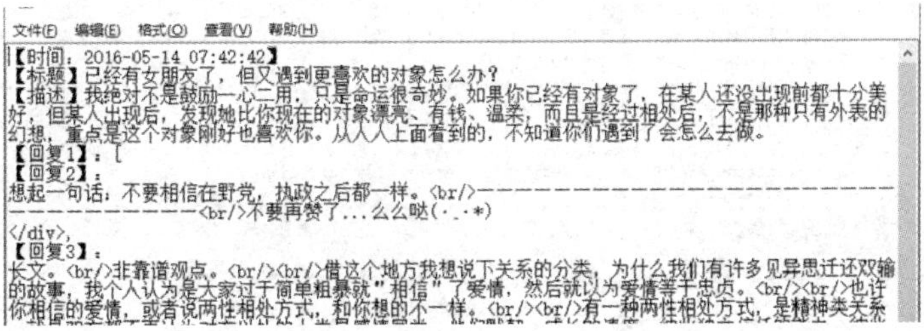

图 5-15　整理后的数据截图

修改后的完整代码如下：

```
import urllib.request
from bs4 import BeautifulSoup
import time
```

```python
print("***\n***\n***\n 这是一个爬虫,正在爬取知乎网上的一个内容,请耐心等候:。。。")
f = open('pachong.txt','a+',encoding='utf-8')
end_time=time.strftime('%Y-%m-%d %H:%M:%S',time.localtime(time.time()))
f.write("【时间:"+end_time+"】\n【标题】已经有女朋友了,但又遇到更喜欢的对象怎么办?\n【描述】我绝对不是鼓励一心二用,只是命运很奇妙。如果你已经有对象了,在某人还没出现前都十分美好,但某人出现后,发现她比你现在的对象漂亮、有钱、温柔,而且是经过相处后,不是那种只有外表的幻想,重点是这个对象刚好也喜欢你。从人人上面看到的,不知道你们遇到了会怎么去做。"+'\n')

url="https://www.zhihu.com/question/19649693"
html=urllib.request.urlopen(url).read()
soup = BeautifulSoup(html, "lxml")
#print(soup.prettify())    #打印格式,本行可以忽略
all = soup.find_all(class_="zm-editable-content clearfix",limit=3)
ALL=str(all).split('</div>')
i=0
for each in ALL :
    i+=1
    f.write('【回复'+str(i)+'】: '+each+'\n')
f.close()
print("***\n***\n***\n 恭喜你,已经完成任务,请你打开文件:pachong.txt 查阅")
```

end_time 行代码调用的是本地当前时间。执行程序结束后,屏幕上显示的情况如图 5-16 所示,下载内容保存在 pachong.txt 中。

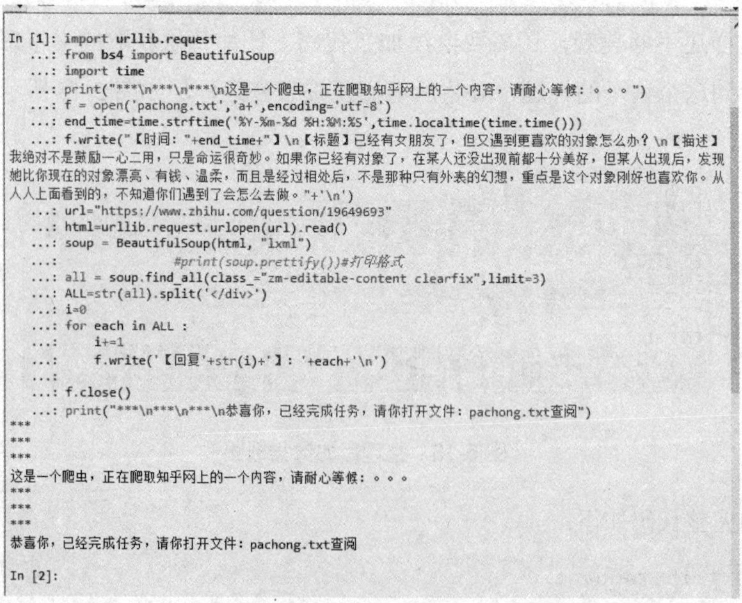

图 5-16 程序运行截图

5.10 读取文档

在很多时候，我们需要读取网上 PDF 文档.pdf 里和 Word 文档.docx 里的文本(字符串)，这时我们就需要下载后再打开查阅。是否可以不下载而直接查阅其文档内的文本呢? 方法是有的，Python 就擅长此项工作。

1. PDF 文件

目前很多 PDF 解析库都是用 Python 2.x 版本建立的，还没有迁移到 Python 3.x 版本。但是，因为 PDF 比较简单，而且是开源的文档格式，所以有一些给力的 Python 库可以读取 PDF 文件，而且支持 Python 3.x 版本。

PDFMiner3K 就是一个非常好用的库(是 PDFMiner 的 Python 3.x 移植版)。它非常灵活，可以通过命令行使用，也可以整合到代码中。还可以处理不同的语言编码，而且对网络文件的处理也非常方便。

在 https://pypi.python.org/pypi/pdfminer3k 网址可以下载这个模块的源文件，解压并用下面的命令安装：

```
spython setup.py install
```

下面的例子可以把任意的 PDF 读成字符串，然后用 StringIO 转换成文件对象：

```python
from pdfminer.pdfinterp import PDFResourceManager, process_pdf
from pdfminer.converter import TextConverter
from pdfminer.layout import LAParams
from io import StringIO
from urllib.request import urlopen
def readPDF(pdfFile):
    rsrcmgr = PDFResourceManager()
    retstr = StringIO()
    laparams = LAParams()
    device = TextConverter(rsrcmgr, retstr, laparams=laparams)

    process_pdf(rsrcmgr, device, pdfFile)
    device.close()

    content = retstr.getvalue()
    retstr.close()
    return content

pdfFile = urlopen("http://pythonscraping.com/pages/warandpeace/chapter1.pdf")
```

```
outputString = readPDF(pdfFile)
print(outputString)
pdfFile.close()
```

readPDF 函数的最大好处是,如果你的 PDF 文件在电脑里,你就可以直接把 urlopen 返回的对象 pdfFile 替换成普通的 open() 文件对象:

```
pdfFile = open("d:\11.pdf",'rb')
```

输出结果可能不是很完美,尤其是当 PDF 里有图片、各式各样的文本格式,或者带有表格的数据图时。但是,对大多数的纯文本文档的 PDF 而言,其输出结果还是可以的。

对于网络或者本地 PDF 文档的读取,可以合二为一,对上面的代码稍加修改即可:

```
# -*- coding: utf-8 -*-
from pdfminer.pdfinterp import PDFResourceManager, process_pdf
from pdfminer.converter import TextConverter
from pdfminer.layout import LAParams
from io import StringIO
from urllib.request import urlopen

def readPDF(pdfFile):
    rsrcmgr = PDFResourceManager()
    retstr = StringIO()
    laparams = LAParams()
    device = TextConverter(rsrcmgr, retstr, laparams=laparams)

    process_pdf(rsrcmgr, device, pdfFile)
    device.close()

    content = retstr.getvalue()
    retstr.close()
    return content

path = input('请输入你要查询的具体的网址或路径。如: c:\\11.pdf): ')
if 'http' in path:
    pdfFile = urlopen(path)    #网上搜索
else:
    pdfFile = open(path,'rb')    #本地机器搜索
outputString = readPDF(pdfFile)
print(outputString)
pdfFile.close()
```

以上是在知道具体文件名及路径时,可以打开 PDF 文件并获取其中的文本或者字符串,但这并没有什么太大的实际意义。如果按给定的关键词在本地指定的路径(文件夹)下

查找所有的 PDF，并将找到的文件给出列表，那将有很强的实际意义。下面的代码则实现了这个功能：

```python
# -*- coding: utf-8 -*-
'''
Python 3需要下载安装pdfminer3k
'''

from pdfminer.pdfinterp import PDFResourceManager, process_pdf
from pdfminer.converter import TextConverter
from pdfminer.layout import LAParams
from io import StringIO
import os
def PdfRead(path):
    content=""
    with open(path,'rb') as pdfFile:
        rsrcmgr = PDFResourceManager()
        retstr = StringIO()
        laparams = LAParams()
        device = TextConverter(rsrcmgr, retstr, laparams=laparams)
        process_pdf(rsrcmgr, device, pdfFile)
        device.close()
        content = retstr.getvalue()
        retstr.close()
    return content
def find_key(path,key):
    for i in os.walk(path):
        for j in i[2]:
            i1=j.find('.pdf')
            if (i1!=-1 and i1==len(j)-4):
                pp=i[0].replace('\\','/')
                try:
                    if PdfRead(pp+'/'+j).find(key)!=-1:
                        print(pp+'/'+j)
                except Exception as e:
                    with open(cur+'/err.log','a') as err:
                        err.write(str(e)+'\n')
if __name__=='__main__':
    find_key(r'C:\Users\yubg\Documents\Python Scripts','Best seats in the house')
```

上述代码在C:\Users\yubg\Documents\Python Scripts下搜索包含有关键词句"Best seats in the house"的 PDF 文件。搜索结果显示找到了一条记录 C:/Users/yubg/Documents/Python Scripts/A.pdf。如下所示：

```
runfile('C:/Users/yubg/Desktop/pdf.py', wdir='C:/Users/yubg/Desktop')
WARNING:pdfminer.layout:Too many boxes (109) to group, skipping.
C:/Users/yubg/Documents/Python Scripts/A.pdf
```

2. Word 的.docx 文件

大约在 2008 年以前，微软 Office 产品中 Word 使用.doc 文件格式。这种二进制格式很难读取，而且能够读取 Word 格式的软件很少。为了跟上时代，让自己的软件能够符合主流软件的标准，微软决定使用 Open Office 的类 XML 格式标准，此后新版 Word 文件才与其他文字处理软件兼容，这个格式就是.docx。

现在有 Word 文档 http://pythonscraping.com/pags/AWordDocument.docx，我们读取其文档内容：

```
from zipfile import ZipFile
from urllib.request import urlopen
from io import BytesIO
import re
wordFile = urlopen("http://pythonscraping.com/pages/AWordDocument.docx").read()
#wordFile = urlopen("file:///C:/Users/yubg/Desktop/2.docx").read()
wordFile = BytesIO(wordFile)
document = ZipFile(wordFile)
xml_content = document.read('word/document.xml')

s=re.findall(r'<w:t>(.*?)</w:t>',xml_content.decode('utf-8'))
for i in s:
    print(i)

#获取内容如下：
A Word Document on a Website
This is a Word document, full of content that you want very much.
Unfortunately, it's difficult to access because I'm putting it on my
website as a .
docx
```

为了便于在本地机器上通过给出关键词和指定的路径(文件夹)即可搜索出该文件夹下所有包含要查找内容的.docx 文档，并把含有搜索内容的文件列出，这里给出实现此功能的具体代码：

```
# -*- coding: utf-8 -*-
import os
```

```python
from win32com import client as wc

cur=os.getcwd()+'/temp'
if not os.path.exists(cur):
    os.mkdir(cur)

def DocRead(file):
    doc=wc.Dispatch('Word.Application').Documents.Open(file)
    doc.SaveAs(cur+'/txt',4)
    doc.Close()
    txt=''
    with open(cur+'/txt.txt','r') as f:
        txt=f.read()
    os.remove(cur+'/txt.txt')
    return txt

def research(path,key):
    '''
    本代码的功能：
    主要用于某文件夹下搜索Word文件内的内容。
    如想搜索关键词为"大数据分析报告的主要内容如下："这个片段
    '''
    n=0
    for i in os.walk(path):
        for j in i[2]:
            i1=j.find('.doc')
            i2=j.find('.docx')
            if (i1!=-1 and i1==len(j)-4) or (i2!=-1 and i2==len(j)-5):
                pp=i[0].replace('\\','/')
                # print(pp+'/'+j)
                try:
                    if DocRead(pp+'/'+j).find(key)!=-1:
                        print(pp+'/'+j)
                        n+=1
                except Exception as e:
                    with open(cur+'/err.log','a') as err:
                        err.write(str(e)+'\n')
    if not n:
        print('没有找到你要的内容！')
    else:
        print('找到%d条内容'%n)

def main():
```

```
    path=input('输入查找根路径(如：F:\):')
    key=input('输入查询关键字：')
    research(path,key)

if __name__=='__main__':
    main()
```

在本地机中，C:\Users\yubg\OneDrive\other 下有某个文件中含有"中北大学单位内各部门的办公文档、卷宗、图片、视频等数据"的关键词句。执行上面的程序，输入查找路径和关键词句，查询结果如图 5-17 所示。

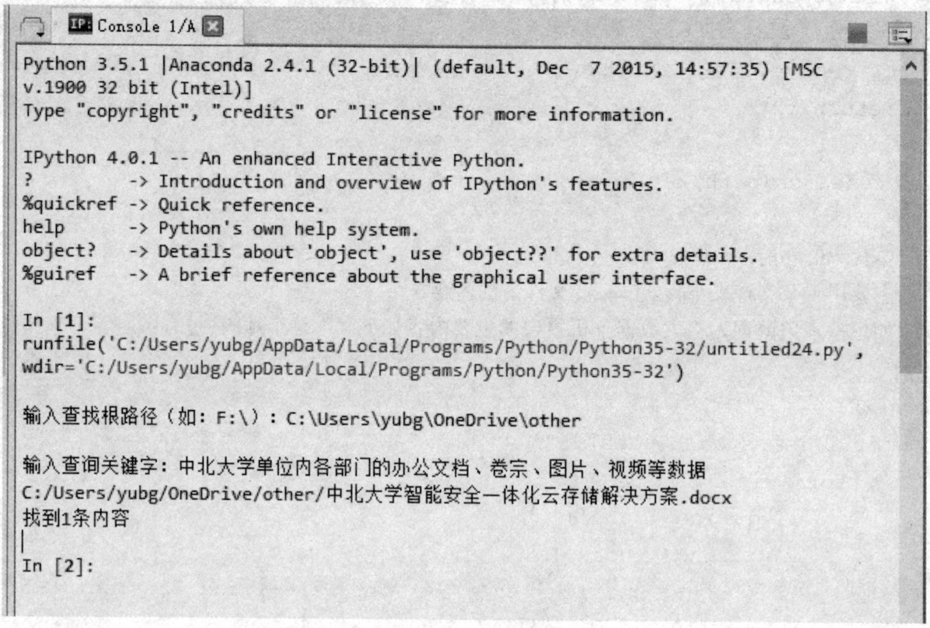

图 5-17 查询结果

本 章 小 结

本章主要学习了对文件的读取和存储，以及如何使用 with 语句；要求掌握计算精度的处理方法，以及正则表达式的使用，并对矩阵的基本运算有所了解。

练 习

(1) 求矩阵 A 的伴随矩阵。AA*=|A|I，A=np.mat([[1,2,3],[4,5,6],[7,8,9]])。
(2) 判断 RE 字符串是否全部为小写。RE='Alphabet3'。

(3) 写一个以正则表达式匹配 IP 地址的代码。

(4) 简单的网络爬虫。要求获取页面 http://t.cn/RVVe68d 中的省市名称、作物名称和面积这三个值，并打印出来。(在项目中，需要使用 beautifulsoup4，所以要首先安装 beautifulsoup4，并且爬取网页的时候使用 requests 模块)

参 考 文 献

[1] 齐伟. 跟老齐学 Python 从入门到精通[M]. 北京：电子工业出版社，2016.

[2] 杨佩璐，宋强 等. Python 宝典[M]. 北京：电子工业出版社，2014.

[3] 董付国. Python 程序设计[M]. 北京：清华大学出版社，2015.

[4] 张良均，王路，谭立云，苏剑林 等. Python 数据分析与挖掘实战[M]. 北京：机械工业出版社，2016.

[5] [印]Ivan Idris. Python 数据分析基础教程 NumPy 学习指南[M]. 2 版. 张驭宇 译. 北京：人民邮电出版社，2014.

[6] [美]Mark Lutz. Python 编程[M]. 4 版. 邹晓，瞿乔，任发科 等译. 北京：中国电力出版社，2015.

[7] [美]Ryan Mitchell. Python 网络数据采集[M]. 陶俊杰，陈晓莉 等译. 北京：人民邮电出版社，2016.